今日に生きる
「農家生活リズム」

森川 辰夫

筑波書房

目　次

I　はじめに …………………………………………………… 5
  1．過労死時代という現代に訴える ………………………… 5
  2．なぜそんな昔の農家を問題にするのか ………………… 7
  3．この時代の農家とは ……………………………………… 8
  4．そもそも「生活リズム」って何？ ……………………… 9

II　農家生活リズムの中味 ………………………………… 11
  1．戦後の代表的な農家生活時間の紹介 …………………… 11
    （1）この時代の農家とは ………………………………… 11
    （2）限りなく8・8・8の生活時間配分に
        ─調査4事例に共通していること─ ……………… 13
    （3）山口米麦作農家2戸の例　1948～49年 …………… 17
    （4）新潟単作農民と愛知二毛作農民の例　1949～50年 …… 20
    （5）山形・庄内農家の5年後比較の事例　1956→1963年へ …… 24
    （6）福岡・4営農類型別にみた農家生活時間の事例　1960～63年 …… 26
  2．戦前の農民の姿 …………………………………………… 29
    （1）近藤康男の『農業経済論』の指摘 ………………… 29
    （2）小作農家主婦の過酷な農繁期　1937年 …………… 30
    （3）神奈川農家・主幹労働者5名の事例　1939年 …… 32
  3．農繁期と労働リズム ……………………………………… 33
    （1）農繁期の構成 ………………………………………… 33
    （2）農家における労働リズム …………………………… 41
  4．より長い周期の生活リズム ……………………………… 47
    （1）「農休日」という休日リズム ……………………… 47
    （2）年間における生活時間構成の変化 ………………… 49
  5．農家における一日生活リズム …………………………… 50
  6．農家生活リズムの重なり合い …………………………… 53

7．農家における食生活リズム―1事例の紹介― ……… 55

Ⅲ　身につけよう「生活リズム」―私の提案― ……………… 65
　　○　昔ばなしですが ………………………………………… 65
　　○　生活リズムの基本は睡眠です ………………………… 66
　　○　8・8・8時間を ……………………………………… 67
　　○　仕事は多様、複雑が当たり前 ………………………… 67
　　○　いまさらですが、生活を刻むということ …………… 68
　　○　季節、そして生活周期について ……………………… 70
　　○　「生活リズム」はあくまで個人のもの ……………… 72
　　○　現代の「一汁一菜」を ………………………………… 73
　　○　地域生活リズムへの挑戦 ……………………………… 74

――付録　「心も病み」「嫁が来ない」状態をどうするか ……… 76
　　"心も病む" という現状 …………………………………… 76
　　"花嫁難" と農家の生活 …………………………………… 77
　　個性的な暮しに自信をもって …………………………… 78
　　新しい家風をつくろう …………………………………… 82
　　自給再生から農家生活の見直しを ……………………… 83

あとがき ………………………………………………………………… 86

I　はじめに

1．過労死時代という現代に訴える

　過労死自殺という悲劇がいくつも報道され、深刻な労働現場の姿が世間の関心を集めました。これらの事件は「過労死」がいまだに過去の問題ではなく、しかもその背景にある長時間労働が日本の労働現場にはびこっていることを示しています。長時間労働はもちろん働かせている側の重大な責任です。それはいわば社会的な犯罪で、経済情勢のためにこの無法を許すとか、認めるとかの問題ではありません。しかしこんなに深刻になったのは、働く側にその労働強化を受け入れてしまう弱点があるのではないかと思います。社会全体にはびこっている、この慢性的な長時間労働問題は、それが特に働く人にとって、自分の生活に及ぼす大変な被害に対する鈍感さもあるのではありませんか。この問題はもはや私たちだけの被害にとどまりません。社会で働いている外国出身の方々、さらにその子弟の世代まで長時間労働が及んできています。

　今の何もかも過酷な日本社会では、働く側にかなり自覚的な労働を中心とする生き方というか、生活の仕方を身につけておかないと、まともに生きていくことができないのです。それにはいくつかの対策というか、考えるべき柱がありますが、ここで問題にするのは、もっとも大事な人間の精神的なこと、そして思想的な分野ではありません。それらについてはすでに多くの指摘や改善策の提起があるでしょう。ここではそうではなく、普通の人の日常生活の分野に注目しました。

　つまり課題は長時間労働ですから、まず生活時間配分を中心とする

「生活リズム」が、特に働いている現役世代に身についてない問題を指摘します。この課題が単に労働時間だけの問題なら、それはあくまで生活時間配分の範囲でしょう。しかし社会全体にはびこる長時間労働の弊害への、当事者たちの鈍い反応を見ると、現状はもっと深刻で、広範な働く人々にいわば生活の基本が確立していないのではないかと判断しました。生活の基本となるとこれは最早時間配分だけではなく、「生活リズム」の問題です。

　生活リズムという言葉はかつては、ごく狭い業界用語的な、いわば奇異な表現でした。しかし「リズム」という概念の重要性が哲学的な分野で提起され、人間生活の解明に応用され始め、1980年代のはじめには「こどもの生活リズム」といった題名の本がいくつも刊行されるようになりました。作家・文芸評論家・翻訳家の福田恆存には「ハムレットには悠々とした生活のリズムが脈搏っている」という表現があります（「シェイクスピアの生涯と作品」『新潮世界文学』１、1968年２月）から、この時点で最早、狭い業界用語ではなく、その意味・内容が日本人になじみつつあったと言えるでしょう。

　このような経過から、生活リズムは言葉としても内容としても、今日ではごく一般的な常識と思っていましたが、どうやらその生活リズムで育てられたはずの、肝心の現役世代には身についていないようです。そこで今の社会生活に適応しうる、長時間労働に対抗しうる手がかりとして、その現代的な中味を提案したいのです。そこでささやかな私のプランを並べる前に、この際あらためてこの日本列島で暮らす人々の、あるべき生活の基本を探ることにしました。その原型として、貧しい生活条件下で過酷な労働に従事していたと思われているだろう、約半世紀前の農家の暮らしを、今日の視点から見直す作業を進めることにしました。

2．なぜそんな昔の農家を問題にするのか

　農業はその地域の自然条件に従って、動植物を育む仕事ですから、農家はこの日本列島で一番素直な生活リズムを営んでいることになります。もちろん現代の農業者は社会の一員として、様々な生活変容を示していますが、ここでは戦後の社会変容を受ける前の、約半世紀前の農家の姿を取り上げます。

　その理由の一つは、戦後改革の一つとして農地解放が行われ、初めて自立した農家、戦後自作農という家族が誕生したことです。地主・小作関係から解き放たれて、自分の農地で家族が一緒に働く経営が生まれました。しかも当時は大変な食糧難時代で、生産者は生活条件の許す限り働き、その農産物は社会がとても必要としていました。ですから今と違い、ほとんど全ての農作業を人の手でやらなければなりませんでしたが、その生産条件下で自分の意志で精一杯働きました。つまり地主や雇い主の指示ではなく、自分の判断で家族と共同して働いた時代でした。この圧政からの自由ということ、自立して労働していた点に注目しました。

　その理由の二つは、当時の生活リズムを解明するための記録が残っていることです。戦後の農業を再建し農家の暮らしを改善するために、国と都道府県の共同事業として農業改良普及事業が全国的に進められましたが、その一環として国公立農業試験場や民間研究所、大学で農家の生活調査が実施されました。その生活改善を含む普及事業の成果はそれぞれに活用されて、農業生産は飛躍的に伸び、コメはあまるほど増産され、農村社会は民主化され、農家の生活は劇的に改善され

した。

　このように歴史的な使命を果たして、この事業の当初の役割は終わったとされ、農業指導体制は現代的に再編されています。ただ、この仕事は半世紀以上経過して、いろいろな貴重な資料は歴史的文献となり、その一部はあらためて戦後生活記録としての価値は大きいと考えました。今日では最早、社会的条件が変わりましたので、個人が自主的に生活を記録しない限り、公的にはこのような立ち入った調査はできないでしょう。

3．この時代の農家とは

　農家に限りませんが、この戦後復興の時代を担った世代は多くの子弟を育てました。戦争直後に生まれた世代は「団塊の世代」と言われ、戦後社会の中核をになりました。作家・津島佑子さんは1947年早生まれで、次の学年からが「団塊の世代」にあたり、ご自分のことを「民主主義原理主義世代」と言われています。ですからこの団塊の世代は単に人数が多いというだけでなく、戦後社会の内容を作った点で重要でしょう。そしてその次代の世代が現今の、最も働いている現役世代だという巡り合わせでしょう。

　この時代の農家には多くの戦地から引き上げた復員兵がいました。実家に帰った人のほか、開拓地に入植した人もいたことでしょう。「ポツダム宣言・第9項」には「日本国軍隊ハ完全ニ武装ヲ解除セラレタル後各自ノ家庭ニ復帰シ平和的且生産的ノ生活ヲ営ムノ機会ヲ得シメラルヘシ」とあります。この状況をいち早く小説として描いた作家が山本周五郎でした（「花咲かぬリラ」1946年5月）。この作品では東京の農大生が兵役につき南方の島で玉砕したと信じられていたが、部下

と復員し、かつての恋人を訪ねて一緒に北海道で酪農をやろう、戦争責任のない子や孫たちのために生きなければならないと説得する姿が短編としてまとめられています。この作品は作家自身が全集から外したそうで、やや甘い習作かもしれませんが、何と言っても戦後のこの早い時期における執筆と公表に注目したいものです。

4．そもそも「生活リズム」って何？

　あらためてここで課題とする「生活リズム」について説明しておきましょう。

　いちばん簡単にいえば、民俗学のいう「日本民俗の生活法則ともいうハレ（はれ）とケ（褻）」が当てはまるでしょう。ハレはお祝い事、正月などの特別の改まった生活のことで、ケはふだんの生活です。かつての素朴な時代では、この区分で大体の話がすみました。今の生活はあたかも毎日がお祭りのような食事になり、ハレが日常化しています。一方、精神生活の分野ではケがハレの領域をしめるようになったといわれます。そのために今はこの二つの区分がはっきりしなくなっていますが、それでも生活のいろいろな場面に個人別にハレとケの二面が登場することでしょう。ここではあくまでケといわれる個人の日常生活を対象にします。

　私は多様な人間生活の複雑な姿を、特に農家という分野で解き明かすために、「生活リズム論」を一つの手法として考えて、文章にしてきました。そこでは硬い言葉使いですが、「生活リズムとは、天体ならびに生物共通の周期的活動に規定される人間の生体リズムを基礎にした、実際の生活局面における周期的な行動のまとまりであり、生活周期ごとに認められ更新される行動の秩序である」と表現しました。

また『リズム——日本人の音感覚とリズム』の著者、藤田竜生は「リズムとは、人間のもつ最も合理的な行動様式——子どもとおとなを問わず、人間があるべき自分を探し求め、あるべき自分に邂逅し、あるべき自分を創造する時間的なわくぐみ、ないしは時間形成といってよいだろう」としています。この著者の主張はいわば自律力の確立のすすめかもしれません。

　このようにあまりに文章で表現しようとすると、かえってわからなるかもしれませんが、私はいちばん簡単にいえば「リズムとはサイクル＋生命」だと考えています。そこで農家生活における周期的な生活行動を中心に整理し、生き生きとした暮らしの姿を表現できるように工夫してきたつもりです。なおリズムについての哲学的な規定については、中村雄二郎『術語集Ⅱ』（岩波新書、1997年5月）を参照して下さい。

引用文献

福田恆存訳「シェイクスピアⅠ」《解説》『新潮世界文学』1、新潮社、1968年2月、651～688頁

鷲田清一「折々のことば」1023、『朝日新聞』2018年2月16日

長谷部恭男「ポツダム宣言　1945年7月26日」『日本国憲法』、岩波文庫、2019年1月

山本周五郎「花咲かぬリラ」『艶書』、新潮文庫、1983年12月、289～320頁

藤田竜生『リズム—日本人の音感覚とリズム』、風濤社、1976年10月

※なお、この冊子の性格から参考文献は省略しましたが、下記の文献に詳述いたしました。

森川辰夫「農家生活構造のリズム論的考察」『中国農業試験場報告　Ｃ　農業経営部』第22号、1977（昭和52）年3月、農林水産省中国農業試験場、35～140頁

森川辰夫『農村生活の構造　農家生活リズム論的分析』、明文書房、1980（昭和56）年9月、193頁

Ⅱ　農家生活リズムの中味

1．戦後の代表的な農家生活時間の紹介

（1）この時代の農家とは

　はじめに戦後の、今から70年前に終わったアジア・太平洋15年戦争後の時期の代表的な農家生活時間調査の4事例を紹介します。つまり昭和20年代（1940年代後半）・2事例と昭和30年代（1950年代から60年代前半）・2事例です。この時期には多くの生活時間調査が行われましたが、ここでは一年間を通じて記録された事例だけを取り上げました。この生活時間調査とは一人一人の毎日の、睡眠時間や労働時間（場合によっては時刻も）を記録したものです。なお今でも一日や二日の生活時間記録で、生活を調査したという例もありますが、あまり勧められません。これは特定の目的の場合に限り意味がありますが、どうしても、調査する側や記録される方が意識しなくともそれはどちらにしても、特別な一日になってしまいます。もちろん短期間であっても、古い時代の記録であればそれなりの価値はあるでしょうが、戦後の農家については年間調査という貴重な記録が残っているので、それを活用したいと思います。これからその話を進めますが、そこでは現代の勤め人のように一年中ほぼ同じ暮らし方をしているのではなく、季節によるくらしの仕方の変動が大きいので、やはり年間の記録がないと、時間数やその意味についての判断が難しいのです。

　この時代の農家は、
①戦前から「地主・小作制度」をなくした農地改革後の「戦後自作農」

（自分の所有する農地で、主として家族労働の力で営農し、その生産物は自分たちの判断で自由に販売できる）という農家が本格的にできあがり、それらが農家として規模の大小はあれ、その地域のほとんどを占めていました。

②その時日本はとても食料不足で、コメを中心として食べ物の増産が求められていた昭和20年代と、なお農業振興が国策として進められていた昭和30年代の社会経済条件下で、成立したばかりの自作農は精一杯働いていたのです。

③そのため家族全員が協力して働いていました。働ける高齢者はもちろんのこと、手伝いのできるこどもたちも作業に加わっていました。あわせて世帯主の兄弟姉妹などその時同居していた家族も一緒でした。またひとつの背景として、当時の農村には歴史的な経過から作られていた地域的な助けあいという共同の仕組みも残っていました。

④まだ農業機械化の前の時代ですから、農家にはトラックもトラクターもありません。ほとんどの作業が人力だけで担われていました。もちろん牛や馬を使う農家も多かったのですが、それも人が直接、家畜と一緒に作業していました。

という状態の暮らしでした。

　もうひとつ、この事例についておことわりしておくことがあります。この調査４事例に登場する人々はそれぞれの時期と地域を代表しうる農家だとして話を進めますが、それにしても一年間も自分の暮らしについて記録して下さった方です。多分営農についても熱心な農家には違いありません。そういう意味では普通の農家ではないかもしれませんが、貴重な生活記録として調査結果を尊重したいと思います。**表１**に調査４事例のあらましを掲げました。

Ⅱ　農家生活リズムの中味　13

表1　調査4事例のあらまし

事例	調査年次	調査対象	特徴	調査者
事例1	1948年10月～1949年9月 （昭和23～昭和24年）	山口 米麦作2農家7人の家族農業従事者	農民型農家と地主型農家との比較	「山口県農業試験場」 久保井清市 河窪清晴 池永吉郎 和田幸夫
事例2	1949年7月～1950年6月 （昭和24～昭和25年）	新潟 水田単作農家 男女農業従事者 愛知 水田二毛作農家 男女農業従事者	新潟・単作と愛知・二毛作の比較 複数の男女農業従事者の平均	関口芳夫
事例3	1955年12月～1956年11月 （昭和30～昭和31年） 1962年12月～1963年11月 （昭和37～昭和38年）	山形（庄内） 2・3人の家族農業従事者	同一農家の5年後の変化 庄内という地域にこだわる	大橋一雄
事例4	1960年4月～1961年3月 （昭和35～昭和36年） 1961年4月～1962年3月 （昭和36～昭和37年） 1962年4月～1963年3月 （昭和37～昭和38年） 1963年4月～1964年3月 （昭和38～昭和39年）	福岡 水田作農家7戸 福岡 水田・畑作農家8戸 福岡 酪農家3戸 わら加工農家1戸 福岡 みかん農家4戸	福岡県下5営農類型別の37戸の年間生産時間調査 空前絶後のもっとも大規模な調査研究	「福岡県農業試験場」 佐藤吉三郎 上原三郎 為永ミツ子

（2）限りなく8・8・8の生活時間配分に―調査4事例に共通していること―

　4事例は戦後の時期が異なるだけでなく、調査のやり方もそれぞれですが、ごく大雑把にまず、睡眠時間・労働時間・家事時間の長さを比較しました。その結果、農家はいわゆる農繁期という田植えや稲刈りといった農作業の忙しい時には、10ないし14時間という長時間労働

で、睡眠時間が短いことは明らかでした。これは重要なことで後で詳しく触れますが、当然季節で異なります。ただ農繁期といっても主として春・秋の2、3ヶ月で、その時期の間でも長時間労働はそんなに連続した日数ではありませんでした。

その一方、労働時間の5時間未満の、はっきりした農閑期というヒマな時期もあり、農繁期とバランスをとっていて、この両時期の違いが年間の中ではっきりしているのが、当時の農家の特徴でしょう。

表2に農繁期と農閑期の比較を掲げましたが、いうまでもなく最も重要で辛かったのはここにあげた農繁期です。特に稲作では春の田植え期、秋の稲刈りを中心とした収穫期です。その外の作目でもそれぞれの植え付け・収穫など作業が時期的に集中する期間があり、どうしても睡眠時間を短くして10時間以上働くことが普通でした。なお一方で、寒冷地域の冬のような農閑期がありました。この時代は外に働きに行く農外の仕事が少なく、体を休める時期に当たります。

ここで注目したいのは、この二つの時期の中間の時期が、かなり長期にわたっており、それがほぼ半年ぐらいありました。これはいわば農繁期の準備の時期と激務の後の休養の時期に当たります。この時期の生活時間配分をみると、睡眠時間に8時間、労働時間に8時間、その他の生活のために8時間というのが基本でした。この内容は多様ですが、**表2**にあるように、この期間がかなり長期間記録されていることに注目したいのです。

さらに大事なことは、当時、主として女性が担ってきた家事という仕事があります。この問題は今なお、現代社会の課題でありますが、この当時は農業労働に匹敵する体への負担があると指摘されていました。そこでこの事実は注意して扱っていきますが、ここにいう「労働時間」は農業が主で、いわゆる稼ぎの時間です。どの調査でも家事時

Ⅱ 農家生活リズムの中味 15

表2 4事例にみる農繁期と農閑期

事例別 時期別	山口 1948.10〜1949.9	新潟 1949.7〜1950.6	愛知 1949.7〜1950.6	山形・庄内 1956.12〜1957.11	山形・庄内 1962.12〜1963.11	福岡 水田 1960.4〜1961.3	福岡 畑作 1961.4〜1962.3	福岡 酪農 1962.4〜1963.3	福岡 みかん 1963.4〜1964.3
農繁期 (労働時間が10〜14時間と長い)	3ヶ月 5月 6月 10月	4旬 (10月上〜中旬) (5月下〜6月上旬)	13旬 (7月上〜下旬) (11月上〜12月下旬) (5月下〜6月下旬)	2ヶ月 5月 10月	3ヶ月 5月 6月 7月	5〜6月 10〜11月 3月 (経営主8旬) (主婦4旬)	4〜8月 10〜12月 2〜3月 (経営主24旬) (主婦8旬)	4〜7月 10月 1〜3月 (経営主18旬) (主婦4旬)	5〜6月 12月 3月 (経営主3旬) (主婦5旬)
中間の時期 (睡眠8時間 労働8時間 その他8時間)	5ヶ月 3月 4月 7月 9月 11月	23旬 (7月、8月中〜下旬) (10月下〜11月下旬) (1月〜2月下旬) (3月〜4月) (5月上〜中、6月中・下)	23旬 (8月上〜10月下旬) (1月上〜5月中旬)	8ヶ月 1〜4月 6〜7月 9〜11月	6ヶ月 12月 3〜4月 8〜10月	4月 7月 (経営主21旬) (主婦10旬)	8〜9月 3月 (経営主12旬) (主婦18旬)	8月 (経営主15旬) (主婦18旬)	10月 11月 (経営主17旬) (主婦14旬)
農閑期 (労働時間が5時間以下位)	4ヶ月 1月 2月 8月 12月	9旬 (2月中〜下旬) (8月上旬) (9月上〜下旬) (12月上〜下旬)	なし	2ヶ月 12月 8月	3ヶ月 1月 2月 11月	8〜9月 12〜3月 (経営主7旬) (主婦22旬)	9月 1〜2月 (経営主0旬) (主婦10旬)	9月 11〜12月 (経営主2旬) (主婦14旬)	4、7、8、9、1〜2月 (経営主16旬) (主婦17旬)

間は農繁期に短く、農閑期に長い傾向がありますが、必要最少限度の家事は日々変わらないのが特徴です。これらのことをまとめると、まず農家には農繁閑という年間のリズムがあることがわかります。これは農繁期というつらい時期が、農閑期があることによって帳消しになるということではありませんが、一年間という生活周期にとってはひとつのバランスの取り方でしょう。

農家の一年間をみると、農繁閑以外の時期がかなり長く、この中間の期間には労働時間も8時間、睡眠時間も7ないし8時間位確保されていました。この期間は厳しい農繁期に向かう準備の時期と、その農繁期を乗り切って少しヤレヤレする回復期があります。これらを季節ごとにごく模式的に示すとこのようになります。

○冬季・農閑期
○春季・農繁準備期
○春・夏期・農繁期
○夏季・回復期、農繁準備期
○秋期・農繁期
○秋期・回復期

ここに挙げた4事例は東北から九州の、日本全体から見れば限られた地域ですが、ここではこの範囲で話を進めさせてもらいます。

さてこの整理のような6期となると、この地域に暮らす日本人の生活感覚に定着している四季ではなく、農家生活には六期のリズムがあることになります。そして農繁閑の中間的な生活配分の時期は何やらバランスが取れているので、私は8・8・8型の「均衡型」と名付けましたが、これは農家に限らず生活リズムそのものにとって大事な時間配分でしょう。生活時間というと、これまでは起きている時間帯でどういう生活行動を取るかが課題でしたが、その前に何と言っても睡

眠時間が確保されているかが大事です。その時、労働時間がどのくらいかが農家生活の柱です。その上で残りの生活時間の過ごし方が問題になります。この柱の立て方は今日の私たちにとっても同じことでしょう。

（3）山口米麦作農家2戸の例　1948〜49年

　これは戦争直後実施された最初の本格的な農家生活時間調査です。山口県農業試験場の久保井さんたちは近在の米麦作農家2戸7人に生活時間記録をお願いして、その生活時間を睡眠・労働（農業・農外）・食事・家事・社会活動・文化教養など22項目に分類して、タイプの違う2戸の比較に注目して分析しました。

　「K農家は大体8時間は生産的の活動に従事し、8時間は生活的及びその他の活動に費やし、8時間の睡眠をとるというバランスのとれた暮らし方をしているが、H農家の方は生産的活動の時間が極度に少なく、そのほかの時間に費やされている時間の割合が大であることが注目される」。

　「K農家が多年の自作農家であるのに対して、H農家は若干の耕作は行なっていたが、多分に小地主的存在であった農家である」から、「K農家の方が反当り労働投下量も大で米麦反収も高く、蔬菜生産も取り入れて山口市へ下肥を取りに行く時間も倍以上であることに示されるように全体として集約的である」と記します。食事時間においても、「K農家1回平均30分余であるのに対して、H農家は50分余を費やしており、また食事の準備始末においても年間平均K農家が4時間であるのに対して、H農家は4時間半費やしている」ことから、「K農家の食生活のあり方を仮に農民型であるとするならば、H農家のそれは地主型とでもいうべき」であり、また、休養娯楽の時間においても、「年平

均の一人一日平均K農家1時間18分であるのに対してH農家3時間32分である。農繁期である6月はK農家ではほとんどその時間がないのに、H農家は一人一日平均実に2時間24分の休養娯楽時間を持っている。農繁期に余裕を生み出して文化的時間を獲得することは今後の農業改良の大きい方向ではあるが、しかし、H農家の休養娯楽時間はいわゆる働き疲れて休んでいる時間が大部分であって、文化的時間とはいいがたく、K農家の休養娯楽時間に比してH農家のそれの多いことも2農家の性格をよく表現しているものであって、前述の食生活の場合と同じ様にK農家の在り方を農民型とすればH農家のそれは地主型ということができる」とまとめています。

　ここで両農家の生活時間配分を季節別にまとめてみると（**表3**）、まずK農家・経営主においては、農繁期には10時間以上働いています。そして睡眠時間が短いことがわかります。この精農家でも冬の農閑期には労働時間が短く、睡眠時間を長く確保しています。そして私の判断ですが、その中間に睡眠8時間、労働8時間という「8・8・8期」という時期がありました。これらをまとめると12・1・2月の冬季農閑期、3・4月の春季準農繁期、5・6月の農繁期、7・8月の夏季準農繁期、9・10月の農繁期、11月の秋季準農繁期の六期に分かれることがわかります。

　H農家・経営主は確かに春の農繁期（6月）には10時間働いて睡眠が7時間と一年でもっとも短いのですから、農家として怠けているわけではありませんが、10月が準農繁期に相当するように、K農家と比べると、私の設定した「生活時間構成の類型」でみると一ランクずつ楽になっているようです。

　なお、ここではことわりなしに農家の場合、この当時の慣習的な表現方法として中心的な男性の働き手を「経営主」、そして同じく中心

II 農家生活リズムの中味　19

表3　山口米麦作農家K・H家経営主と主婦の生活時間構成の類型

(時間)

調査農家	月別	経営主				主婦			
		睡眠時間	労働時間	生活時間構成の類型		睡眠時間	労働時間 a	必要家事時間 b	小計 (a+b)	生活時間構成の類型
K農家 (農民型)	10月	7.5	10.0	秋季農繁期		7.5～8.5	7.0～8.0	3.5	10.5～11.5	秋季農繁期
	11月	8.5	8.5 (農6.0)	秋季準農繁期 (8.8.8期)		8.5	5.0	3.5	8.5	秋季準農繁期 (8.8.8期)
	12月	8.0～10.0	5.0	冬季農閑期		9.0～10.0	3.0～4.0	3.5	6.5～7.5	冬季農閑期
	1月									
	2月									
	3月	8.5	8.0～9.0 (農4.0)	春季準農繁期 (8.8.8期)		8.0～9.0	5.0	3.5	8.5	春季準農繁期 (8.8.8期)
	4月	7.0～8.0	10.0～13.0	春季農繁期		7.0～8.0	7.0～11.0	3.5	10.5～14.5	春季農繁期
	5月									
	6月	7.0	9.0 (農7.5)	夏季準農繁期		7.0	1.0	3.5	4.5	夏季農閑期
	7月	7.5	10.0	秋季農繁期		7.5～8.5	7.0～8.0	3.5	10.5～11.5	秋季農繁期
	8月	8.0	8.0	秋季準農繁期 (8.8.8期)		7.0～8.0	6.0～7.0	3.0	9.0～10.0	秋季農閑期
	9月	9.5	5.0	秋季農閑期						
H農家 (地主型)	10月									
	11月									
	12月	10.0	3.0～4.0	冬季農閑期		8.0～9.0	2.0～3.0	3.0	5.0～6.0	冬季農閑期
	1月									
	2月									
	3月	8.0～9.0	5.0～6.0	春季準農閑期		7.0～8.0	2.0～3.0	3.0	5.0～6.0	春季農閑期
	4月									
	5月	7.0	10.0	春季農繁期		6.5	5.0	3.0	8.0	春季準農繁期
	6月					5.5	9.0	3.0	12.0	春季農繁期
	7月	7.0～8.0	5.0	夏季準農閑期		7.5	5.5	3.0	8.5	夏季準農繁期 (8.8.8期)
	8月					7.0	1.5	3.0	4.5	夏季農閑期
	9月	8.0	8.0	秋季準農繁期 (8.8.8期)		7.0～8.0	6.0～7.0	3.0	9.0～10.0	秋季農繁期

的な女性の働き手を「主婦」として表現させていただきました。さて、K農家・主婦の睡眠時間を経営主と比べると、特に短いとはいえませんし、長く確保している時期もあります。労働時間も経営主よりも短いことははっきりしており、農閑期にはその傾向が認められます。

　問題は家事時間です。ここには多様な内容が含まれていますから、その全ての時間数をここにいう労働時間と合計することはできませんが、ここではK農家・主婦は6月春季農繁期の家事時間が3.5時間であったことから、それを日常生活上必要最小限度の家事労働時間として表示しました。なおH農家・主婦は同じ考えで、労働時間にプラス3.0時間としました。そうすると両農家主婦とも、春季農繁期の労働負担が極めて重いことがはっきりしており、特にH農家は睡眠が極端に短いのです。ただK農家は睡眠を確保しています。秋季農繁期は両家とも長時間労働ですが、睡眠時間を確保していることが注目されます。

（4）新潟単作農民と愛知二毛作農民の例　1949〜50年

　この事例は個別の農家ではなく、複数の農業従事者について旬別に主として農繁期に働いている男子と女子の比較と、あわせて単作地と二毛作地との、一年間の生活時間構成の比較をおこなったものです。

　この調査を実施した関口芳夫さんは、戦争前の時代から工場労働者の労働条件改善のための研究で実績を上げてきた労働科学の立場から、すでに1939（昭14）年に神奈川農家22戸の年間労働調査を行なっています。これらの実績のもとに戦争直後、この生活時間調査を含む農業労働の総合調査を行ないました。ここではその一部を紹介します。

　まず水稲単作地の代表としての新潟・男性農業従事者（**表4**）についてみると、9月下旬から10月下旬の秋季農繁期と5月下旬から6月下旬の春季農繁期の長時間労働と7時間弱の睡眠時間の時期が特徴で

表4 新潟水田単作地農民の生活時間

(時間)

1949~1950		男子 睡眠時間	男子 労働時間	男子 生活時間構成の類型	1949~1950		女子 睡眠時間	女子 労働時間 a	女子 必要家事時間 b	女子 小計 (a+b)	女子 生活時間構成の類型
7月	上中下	8.0	9.0(稲作)	夏季準農繁期(8・8・8期)	7月	上中下	7.5	8.5	2.0	10.5	夏季準農繁期(8・8・8期)
8月	上中下	8.0	6.0(稲作・農外)	夏季農閑期	8月	上中下	8.0	3.0	2.5	5.5	夏季農閑期
9月	上中下				9月	上中下					
10月	上中下	6.0~7.0	9.0~12.0(稲作)	秋季農繁期	10月	上中下	6.0~7.0	8.0~10.5	2.0	10.0~12.5	秋季農繁期
11月	上中下	8.5	8.0	秋季準農繁期(8・8・8期)	11月	上中下	8.5	7.0	2.5	9.5	秋季準農繁期(8・8・8期)
12月	上中下				12月	上中下					
1月	上中下	8.0~10.0	3.0~6.0	冬季農閑期	1月	上中下	8.0~10.0	1.0~5.0(農繁雑)	2.5	3.5~7.5	冬季農閑期
2月	上中下				2月	上中下					
3月	上中下				3月	上中下					
4月	上中下	7.0~7.5	7.0~9.0(稲作)	春季準農繁期(8・8・8期)	4月	上中下	7.0~7.5	1.0~5.0	2.5	3.5~7.5	春季準農繁期(8・8・8期)
5月	上中下				5月	上中下					
6月	上中下	6.5~7.5	9.5~10.5(稲作)	春季農繁期	6月	上中下	6.0~7.0	7.0~9.0	2.5	9.5~11.5	春季農繁期

しょう。いうまでもなく稲作の作業です。その反面、4事例の中でもはっきりした長期間の冬季農閑期（11・下～3・下）が認められます。3～6時間作業して8時間以上睡眠をとる特別の期間ですが、雪国らしく長い月日がめだちます。そして私の想定する均衡のとれた8・8・8といえる時期が、7・上～下・夏季準農繁期、11・上～中・秋季準農繁期、4・上～5・中・春季準農繁期と三期・十旬もあります。

　女性農業従事者はほぼ農繁閑の時期は同じですが、家事時間を加えると男性よりも負担は重く、睡眠時間も少しずつみじかくなっています。冬季農閑期は男子と同じですが、さらに8・8・8期が、7・上～下、10・下～11・中、4・上～5・上の十旬にわたって認められます。このように新潟農家は生活時間構成の類型から見ると、年間7類型から構成されているようにみえます。

　米麦二毛作地の代表としての愛知の男子農業従事者（**表5**）についてみると、7月の夏季農繁期（稲作）、11・12月の秋季農繁期（稲・麦）、5月・下～6月の春季農繁期（稲・麦）が10時間と労働時間が長く、春・夏季は7時間程度だった睡眠時間が、秋季のみ9時間位確保されています。この地域は冬季が暖かいので、新潟のような典型的な農閑期がなくなっているのが特徴ですが、やはり農作業の負担は少ないようです。逆に秋から冬にかけて特別に睡眠時間を確保している期間かもしれません。女性農業従事者も一年間にわたって新潟よりは時期による労働時間に変化が少ないといえるでしょう。ただ家事時間を加えると男性よりも負担が重いようです。

　調査にあたった関口さんは「（単作地に比べれば）二毛作地の労働はより進んだ形態ではあるが（中略）、時間構成から見れば非常に不合理」とまとめています。つまり暖地でいつも働ける条件だが、そのためにいつも働いているという今日の長時間労働問題を先取りしたよ

Ⅱ　農家生活リズムの中味　23

表5　愛知水田2毛作地農民の生活時間

(時間)

1949〜1950		男子			1949〜1950		女子			
		睡眠時間	労働時間	生活時間構成の類型			睡眠時間	労働時間 a	必要家事時間 b	小計 (a+b)	生活時間構成の類型
7月	上中下	7.0	9.0（稲作）	夏季農繁期	7月	上中下	6.5	8.0（稲作）	2.5	10.5	夏季農繁期
8月	上中下	8.0〜9.0	7.0〜10.0	秋季準農繁期 (8・8・8期)	8月 9月	上中下	7.5〜8.5	4.0〜7.0	2.5	6.5〜9.5	秋季準農繁期 (8・8・8期)
9月	上中下										
10月 11月	上中下	9.0〜9.5	8.0〜9.0 (稲・麦作)	秋季農繁期	10月 11月	上中下	8.5〜9.0	8.0 (稲・麦作)	2.5	10.5	秋季農繁期
12月 1月 2月	上中下	9.0〜10.0	5.0〜7.0	冬季農閑期	12月 1月 2月	上中下	8.0〜9.0	2.0〜6.5	2.5	4.5〜9.0	冬季農閑期
3月	上中下	9.0	6.0（麦作）	春季準農閑期	3月	上中下	8.0	3.0〜4.0 （麦作）	2.5	5.5〜6.5	春季準農閑期
4月 5月	上中下	8.0	6.0〜9.0	春季準農繁期 (8・8・8期)	4月 5月	上中下	7.0	5.5〜6.5	2.5	8.0〜9.0	春季準農繁期 (8・8・8期)
6月	上中下	7.0	10.0 （麦・稲作）	春季農繁期	6月	上中下	6.0	10.0	2.5	12.5	春季農繁期

うな指摘です。確かに戦後5年目のこの時点でも、男女ともに年中働いていますが、夏季農繁期（3旬）、秋季準農繁期8・8・8期（9旬）、秋季農繁期（6旬）、冬季準農閑期（6旬）、春季準農閑期（5旬）、春季準農繁期8・8・8期（3旬）、春季農繁期（4旬）という一年間の流れで営農を乗り切っていたといえるでしょう。ここでも生活時間構成の類型が7つで、いわば年間7期になっています。

（5）山形・庄内農家の5年後比較の事例　1956→1963年へ

　この事例は新潟・愛知の事例と同じく労働科学の見地から、大橋一雄さんによって調査されました。日本の代表的な稲作地帯としての山形県庄内の同一農家について、農村はもちろん日本社会全体の変化の激しかった時期としての昭和30年代の始めと後半の時期に、それぞれ一年間の生活時間調査を行なって比較したものです。

　表6に世帯主と妻の生活時間構成を掲げました（なお、1956年には世帯主の妹が同居し農業に従事していました）。ここにはこれまでの事例と共通して、稲作農家ですから農繁期・農閑期の違いがはっきりしていますし、生活時間は新潟農家に近いようです。私が8・8・8期とした時期が1956（昭和31）年9月の世帯主、1963（昭和38）年4月、8～9月の世帯主、2～4月の妻に見られるようです。

　この五年の間の変化を見ると、
①全体として生活時間構成において季節の影響が少なくなっている
②農閑期に農業外の仕事をやるようになって、いわば休養の時期がなくなっている
③季節による睡眠時間の長短の差が縮まり、中間型に近くなっている
④春の農繁期はあまり変わらないが、秋の農繁期はやや労働時間が短くなっている

表6　山形庄内農家の生活時間構成　1956年と1963年の比較

(時間)

	世帯主（37歳）				世帯主（43歳）		
	睡眠時間	労働時間	生活時間構成の類型		睡眠時間	労働時間	生活時間構成の類型
1955年12月	9.5	4.0	冬季農閑期	1962年12月	7.0～8.0	4.5～6.5	冬季準農閑期
1956年1月 2月 3月	8.5	5.0	冬季準農閑期	1963年1月 2月 3月			
4月	7.0	8.0	春季準農繁期	4月	8.0	7.0	春季準農繁期 (8・8・8期)
5月 6月 7月	7.0	8.0～9.0	春夏農繁期	5月 6月 7月	7.5	9.0～10.0	春夏準農繁期
8月	7.0	6.5	夏季準農閑期	8月	7.5～8.0	8.0～8.5	初秋季準農繁期 (8・8・8期)
9月	8.0	7.5	秋季準農繁期 (8・8・8期)	9月			
10月	8.5	9.0	秋季農繁期	10月	8.5	8.5	秋季農繁期
11月	9.0	6.5	秋季準農閑期	11月	8.5	5.5	秋季準農閑期

	妻（34歳）				
	睡眠時間	労働時間 a	必要家事時間 b	小計 (a+b)	生活時間構成の類型
1955年12月 1956年1月 2月 3月	8.0～9.0	6.0～6.5	2.0	8.0～8.5	冬季準農閑期
4月	7.0	6.5	2.0	8.5	春季準農繁期
5月 6月 7月	7.0	8.0	2.0	10.0	春夏季農繁期
8月 9月	6.0～7.5	5.0	2.0	7.0	初秋季準農繁期
10月	8.5	8.5	2.0	10.5	秋季農繁期
11月	8.5	4.0	2.0	6.0	秋季準農閑期

	妻（40歳）				
	睡眠時間	労働時間 a	必要家事時間 b	小計 (a+b)	生活時間構成の類型
1962年12月 1963年1月	7.5	5.0～6.0	2.0	7.0～8.0	冬季準農閑期
2月 3月 4月	7.5～8.0	7.5～8.0	2.0	9.5～10.0	春季準農繁期 (8・8・8期)
5月 6月	7.0	9.0	2.0	11.0	春季農繁期
7月 8月	7.0	6.0～9.0	2.0	8.0～11.0	夏季農繁期
9月 10月	7.5～8.5	7.0～7.5	2.0	9.0～9.5	秋季農繁期
11月	7.5	5.0～6.0	2.0	7.0～8.0	冬季準農閑期

⑤これらのの結果として、中間型としての8・8・8期が1963（昭和38）年に認められるようになった

といったことが指摘できるようです。

（6）福岡・4営農類型別にみた農家生活時間の事例　1960〜63年

　この調査事例は福岡県内の多様な農家・23戸のそれぞれ一年間調査という大規模な記録です。それまでの農家生活時間研究の成果を踏まえていること、それまでの本州以外の地域であることのほかに、まさに調査のスケールとして空前の規模でしょう。まさに農家に限らず、日本においてはこれだけの個人について立入った生活調査を行うことは難しいでしょう。それだけに今日の視点から見ても、誠に貴重な調査事例でしょうから、この時期は昭和30年代後半という、いわば自作農体制の完成した段階を示すといっても良いと思います。

　福岡県農業試験場の佐藤吉三郎さんは共同研究者の方々と協力して、
○1960（昭和35）年4月〜61年3月　水田作経営7戸　福岡市近郊農村
○1961（昭和36）年4月〜62年3月　水田畑作混合経営8戸　筑後中流純農村
○1962（昭和37）年4月〜63年3月　酪農経営3戸・藁加工経営1戸　筑後下流純農村
○1963（昭和38）年4月〜64年3月　みかん経営4戸　筑後山間村
を調査して、集計分析して報告しています。

　この報告の特徴は、農家の労働時間の長さを表現するのに、単に平均の数字で示すのではなく、一年各月10日ずつ、延べ36旬ごとにそれぞれ、8時間以上労働日、4〜8時間労働日、4時間未満労働日、農作業なしの日の4つに分けて、何日ずつあるかを一覧表にして表しま

した。つまり農繁期の、農業労働の密度を四種類の労働日数で表しました。

　さらにそれぞれ年度、経営の違う農家グループから、1戸ずつ選んでいるのでその4戸について、経営主と主婦別に**表7**を作りました。この表では記録の中身をごく簡略化して、旬のなかで8時間以上労働日が8日以上ある時を農繁期としました。農家は農閑期でも全く作業していないことはないので、8時間以上労働日が旬のうち3日以下は農閑期としました。

　この表からごく大まかにまとめると、
○農繁期はどの農家にも認められます
○その時期は経営主の方が長い（みかん経営では農繁期そのものも短いが主婦の方が長い）
○畑作経営は二毛作のため、経営主はここにいうところの農閑期がなく、一年中忙しい、しかし主婦は農閑期があってそれなりにバランスが取れている
○酪農経営はいつも忙しいところが、畑作経営に似た働き方だが、特に主婦の傾向が似ている
○主婦の農繁期は春・秋の二季で、それぞれがなんとか2旬ないし5旬の範囲に収まっている
○前掲**表2**に示しましたが、農繁期が特に長い畑作・経営主を除いて農繁閑の中間的な時期が、年間の大体、半分ぐらいあります
ということが言えるでしょう。

表7 福岡4営農類型代表農家4戸の経営主・主婦別にみた農繁・農閑期

		1960（昭和35）年 水田A農家		1961（昭和36）年 畑作E農家		1962（昭和37）年 酪農B農家		1963（昭和38）年 みかんA農家	
		経営主	主婦	経営主	主婦	経営主	主婦	経営主	主婦
農繁期	8時間以上労働日が旬のうち8日以上ある旬数	8旬	4旬	27旬	8旬	19旬	4旬	3旬	5旬
		（5月下～6月下旬、11月上旬、3月上～下旬）	（5月下～6月上旬、10月上～11月上旬）	（4月下～9月上旬、10月下～11月上旬、11月下～12月下旬、2月上旬、3月上～下旬）	（5月下～7月上旬、10月下～11月上旬）	（4月中～6月下旬、7月中～11月下・下旬、10月下～11月下旬、11月下～12月下旬、12月上旬、1月上旬、3月上～下旬）	（6月下旬、10月下旬、3月上・下旬）	（6月中旬、12月中旬、3月下旬）	（5月上～6月下旬、11月上旬、12月下旬、3月下旬）
農閑期	8時間以上労働日が旬のうち3日以下の旬数	7旬	22旬	0旬	10旬	2旬	14旬	16旬	17旬
		（8月上・中旬、9月中旬、12月中・下旬、1月上・中旬）	（4月上・中旬、7月上～8月下旬、9月中～10月中旬、12月中～2月上旬、2月下～3月下旬）		（4月上～5月中旬、9月上、1月上・中旬、1月下～2月上旬）	（9月上旬、11月下旬）	（5月中旬、7月中～10月中旬、11月中・下旬、12月上・下旬）	（4月中～5月上旬、7月上・中旬、8月上～中旬、9月中～10月中旬、1月中旬～2月上旬）	（4月上～5月中旬、7月上旬、8月上～中旬、9月上～10月上旬、1月上～2月上旬）

2．戦前の農民の姿

（1）近藤康男の『農業経済論』の指摘

　ここで時代をさかのぼって、戦前という時代の話にふれておきましょう。昭和というかなり長期にわたる時代において、文字通り現役の学者として稀有な生涯を送った東大名誉教授・近藤康男は、1932（昭和7）年という社会科学系学問研究の困難な状況下において、『農業経済論』という著作を発表しました。この本は今日でも古典として評価の高い研究成果ですが、この中に「農民の過労」（第2章地代―農業における生産関係・第4節農民の過労と半失業）という文章があります（近藤康男『昭和前期農政経済名著集2　農業経済論』、農山漁村文化協会、1981（昭和56）年9月）。

　「我が国の稲作の栽培法によれば、田植と収穫の二季が非常に労力を多く必要とする。ことに田植えは最も短い期間に最も多くの労働を必要とするものであって、労働時間を延長し、人間の肉体の物理的可能性をはるかに突破した労働が行われる。朝は未明から晩は月の影を踏んで帰るまで十二〜十三時間の労働は珍しくない（中略）。ことに女子は農業労働のほかに、炊事や育児の任務が課せられる。過労―これこそ百の禍の伏すところである。」

　この文章には重要な時間調査の表が二つしめされていますが、その調査対象は昭和の農民ではなく、大正10（1921）年の「農業労働者の1日労働時間」です。これは当時の農務局が実施したきわめて厳密な全国調査の平均の数字で、各月中旬における労働した1日の労働時間です。これをみると5月から11月にかけてほとんど一年中10時間以上

働かされています。なお農閑期に相当する1～4月、12月にはおおむね8時間位の労働時間になっています。このように確かに過酷な長時間労働ですが、今日の観点から見るとこの表で農業労働者が「日雇・季節雇・定雇」と分けられているのは、当時の実態を表しているでしょう。ここにいう「定雇」は年間にわたって雇用されているもっとも安定した立場の人々でしょう。労働時間も日雇や季節雇と比較すると長くありません。この表全体でもっとも長時間労働は「養蚕地方」の「季節雇」の5～9月の12.0～12.7時間です。

　もう一つは関東地方の農場経営主が、大正時代（1912～26）の農場労働者に課した1日の日課表です。そのうち6月上旬・10月上旬・2月上旬の時期について、「起床」から「臥床」まで、三食の時刻も含め決められた日課が紹介されています。これはかなりの年数にわたり実施してきた労務計画ですが、これによると睡眠時間はどの時期でも7時間保証していますが、労働時間はどの時期でも10時間を目標としています。6月は10時間労働が全部、屋外作業ですが、10月・2月は夕方早く終業し、夕食後、夜業させて10時間となるように計画されています。

（2）小作農家主婦の過酷な農繁期　1937年

　小作というのは自分の農地を持たず（農地を少し所有していても自家菜園程度）、地主のために働いていた、今の日本にはいない農家です。この調査例では夫が兵役に出て留守宅で経営を守っている女性で、秋の農繁期の7日間の数字だけですが、表8・図1に見るように実に厳しい生活時間です。睡眠4時間・労働14時間という過酷な時間配分は、私の調べた記録の限りではほかに見当たりません。

　この事例の表示は1時間単位でごく粗い記録のようですが、乳幼児

Ⅱ　農家生活リズムの中味　31

図1・表8　小作経営K・Y家主婦の稲収穫期における生活時間（1937年10月）

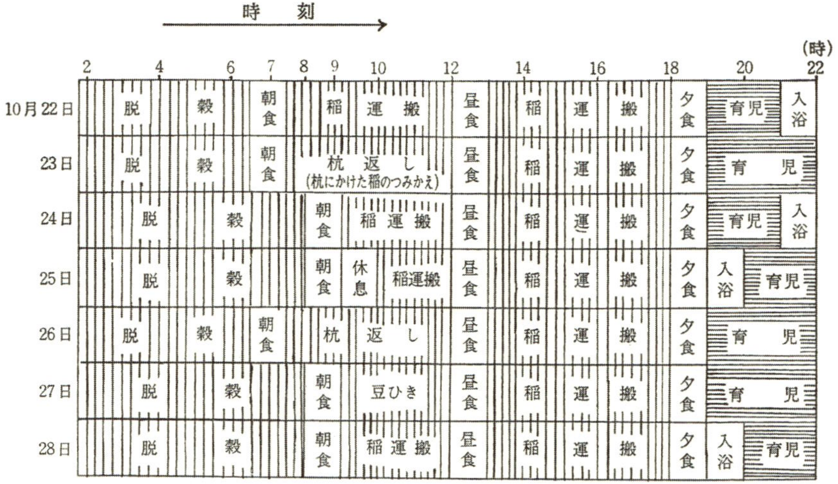

	睡眠時間	労働時間（稲作）	育児時間	食事時間	入浴時間	休息時間
						（時間）
10月22日	4.0	14.0	2.0	3.0	1.0	—
23日	4.0	14.0	3.0	3.0	—	—
24日	4.0	14.0	2.0	3.0	1.0	—
25日	4.0	13.0	2.0	3.0	1.0	1.0
26日	4.0	14.0	3.0	3.0	1.0	—
27日	4.0	14.0	3.0	3.0	—	—
28日	4.0	14.0	2.0	3.0	1.0	—

農業労働調査所調査

を育てながら、暗いうちから家で脱穀作業をやり、日中は稲運搬という労働負担の重い作業をこなしていることは事実でしょう。この調査は山形県にあった農業労働調査所によって行われましたが、「軍事応召による農業労働力不足とその対策」という調査目的と、小作農主婦を対象にしたというはなはだ調査の狙いの明確な仕事だったために、当時の取り締まり当局の妨害があったということです。この話を当時の調査者から伺いましたが、資料的に言えば難点が多く、生活時間配分としてはあまりにも極端な事例ですが、あえて貴重な記録として掲げました。

(3) 神奈川農家・主幹労働者5名の事例　1939年

この事例は戦前期（昭和14年）の調査ですが、戦後になって発表された記録です。旧村範囲の各層22戸のうち、比較的上層の5戸のそれぞれの中心になっている働き手について、一年間調査して平均した生活時間を**表9**にしめしました。この時期はすでに戦時体制下ですが、戦後の生活時間調査に引き継がれる事例でしょう。

これを見ると、

○5月中～6月下旬の春季農繁期：労働時間が10～11時間と一番長く、睡眠時間が7時間と短い

表9　神奈川農家基幹労働者8名の生活時間—1939年

(時間)

	生活時間構成				
	睡眠時間	農業労働時間	家事時間	公事外出時間	自由時間
1月上旬～2月下旬	9.0	4.0～5.0	1.0	1.5～4.0	4.0～6.0
3月上旬～4月中旬	8.0～9.0	5.0～6.0	0.5～1.5	3.0～4.0	4.0～6.0
4月下旬～5月上旬	8.0	7.0	0.5～1.5	2.5	4.0～5.0
5月中旬～6月下旬	7.0	10.0～11.0	0.0～0.3	1.0～2.0	4.0
7月上旬～8月下旬	7.0	7.0～9.0	0.5～1.5	2.0～5.0	5.0～6.0
9月上旬～11月下旬	7.0～8.0	8.0～10.0	0.0～0.8	0.5～5.0	4.0～5.0
12月上旬～下旬	8.0	6.0～9.0	0.3～2.5	1.5～3.0	4.0

○9月上〜11月下旬の秋季農繁期：労働時間は春に次いで10時間と長いが、睡眠時間は少し長い傾向がある
○1月上〜2月下旬の冬季農閑期：農閑期らしく労働時間は年間で一番短く、睡眠時間を確保して休養し、自由時間も長い
○その外の約半年間（16句）は、季節別に4期に分かれてそれぞれ特徴があるが、全体として8・8・8配分型に近い傾向がある
と指摘できるでしょう。

3．農繁期と労働リズム

（1）農繁期の構成

　これまで農繁期という長時間労働の続く時期を、生活時間配分上の問題として指摘してきました。しかしその農繁期も関連した箇所でふれたように、多様な内容があります。「農業労働の大部分を担っている基幹労働者も連日連夜働いているわけではなく、日によって個々の労働量にはかなりの増減がある」と指摘したのは、1955（昭和30）年6月、神奈川県の二毛作農家5戸の農繁期労働を調査した神戸さんたち県農業試験場の方々でした。それによると、
①6月17〜18日から22日〜23日頃の田植えのもっとも忙しい時期には農作業のピークがある、その時には天候の影響はない
②しかしこのピークの時期を外すと天候の関係で、晴れると増え、雨天だと減少するように労働量が左右される
③麦刈翌日、その脱穀の終わった翌日、田植え前日などの節目には、家族全員ではないが休息が入る
④家族全員が労働量の減ずるの日は、部落行事など社会的な関係であ

る

と指摘されています。

　事例3で紹介した大橋は、この神奈川の事例とは調査地こそ違いますが、田植えという農繁期の中味について同じような指摘をしています。
①田植最盛期の5月29日についてみると、働いている3名とも12～13時間労働し、ねること食べることで一日が終わってしまう
②その日を含む5月下旬、11日間の平均をとってみると、農業労働時間は一日あたり8～9時間に減じ、そのために睡眠時間も一般的な消費生活に充当する時間も増加する
③5月一ヶ月間の平均をみると、農業労働時間はさらに短縮して6～8時間となり、一般的な消費生活時間のために費やした時間が著しく増加してくる

　この当時の農家の労働実態は文字通り過酷なもので、決して楽なものではありませんでしたが、単に長時間労働というだけでなく、農作業の進み方によって様々な変化を示しています。その姿を年間にわたって、時期による労働時間の長短に注目して、より詳細に明らかにしようと試みたのが事例4の、稲作だけではない県下の様々な農家を対象にした福岡県農試の記録です。
　表10に各営農類型別に1戸ずつ選び、その4戸の経営主と主婦について、一年間、どの位働いているかを一覧にしたものを掲げました。とても詳細な数字の行列ですが、今日、長時間労働がこれだけ問題になっているので、すでに表2、表7として2回登場させていますが、あえて元の数字を一覧表としてあげました。4月から3月まで各旬別

表10 福岡・各営農類型代表農家の経営主・主婦別年間旬別にみた農業労働時間長短別日数構成

		水田経営・A農家							
		経営主				主婦			
		8時間以上労働日	4〜8時間労働日	4時間未満労働日	農作業なしの日	8時間以上労働日	4〜8時間労働日	4時間未満労働日	農作業なしの日
4月	上旬	5	3	2		2	3		5
	中旬	6	2	2		3	3	1	3
	下旬	7		1	2	5	2	2	1
5月	上旬	6	2	2		4	2	4	
	中旬	7	2	1		4	2	2	2
	下旬	⑩	1			⑧	2	1	
6月	上旬	⑨		1		⑩			
	中旬	⑧	1		1	5	4		1
	下旬	⑩				7	1	2	
7月	上旬	7	3			3	3	2	2
	中旬	4	4	2		2	1	1	6
	下旬	4	5	2		3	3	1	4
8月	上旬	3	3	2	2		2	6	2
	中旬	3	2	1	4		2	3	5
	下旬	4	4	2	1	2	4	3	2
9月	上旬	7	2	1		4	2	2	2
	中旬	2	3	3	2	2	3	5	
	下旬	6	1	1	2	2		2	6
10月	上旬	6	2	1	1	2	4	1	3
	中旬	6	4			3	4	2	1
	下旬	7	1	3		⑧	1	2	
11月	上旬	⑧	2			⑧	1	1	
	中旬	7	1	2		7	1	1	1
	下旬	6	2		2	7	1	2	
12月	上旬	5	2	2	1	6	2		2
	中旬	3	2	3	2	2	4	1	3
	下旬	3	3	4	1	2	4	2	3
1月	上旬	3		6	1		1	3	6
	中旬	3	2	4	1	2	3	3	2
	下旬	7	4			2	⑧	1	
2月	上旬	5	3	2		1	2	4	3
	中旬	7	2	1		4	5		1
	下旬	4		3	1	2	2	1	3
3月	上旬	⑧	1		1	3		3	4
	中旬	⑧	2			2	4	2	2
	下旬	⑧	2	1		3			8

		畑作経営・E農家							
		経営主				主婦			
		8時間以上労働日	4〜8時間労働日	4時間未満労働日	農作業なしの日	8時間以上労働日	4〜8時間労働日	4時間未満労働日	農作業なしの日
4月	上旬	4	4	2		1	2	3	4
	中旬	6	2	2			3	5	2
	下旬	⑨			1	3	5	1	1
5月	上旬	⑧	2			2	5	3	
	中旬	⑨	1			3	6	1	
	下旬	⑪				⑪			
6月	上旬	⑩				⑨	1		
	中旬	⑩				⑨	1		
	下旬	⑩				⑩			
7月	上旬	⑩				⑩			
	中旬	⑩				7	3		
	下旬	⑨	1	1		7	1	1	2
8月	上旬	⑩				5	5		
	中旬	⑧	2			5	3	2	
	下旬	⑩	1			7	2		2
9月	上旬	⑨		1				2	1
	中旬	5	4	1			3	6	1
	下旬	7	3				4		1
10月	上旬	5	2	2	1	4	3	2	1
	中旬	7	2	1		5	3	2	
	下旬	⑨	1	1		⑧		1	2
11月	上旬	⑩				⑩			
	中旬	7		3		6	2	1	1
	下旬	⑧	2			⑧	2		
12月	上旬	⑩				6	1	1	2
	中旬	⑨		1		4	4	2	
	下旬	⑨	2			5	4		1
1月	上旬	4	1	5		1	3		6
	中旬	7	2	1		5	3	2	
	下旬	6	5				1	4	6
2月	上旬	⑨	1			2	6	1	1
	中旬	7	2	1		4	2	3	1
	下旬	6		2		6			2
3月	上旬	⑧	2			4	5	1	
	中旬	⑧	2			4	2	3	1
	下旬	⑧	2	1		5	5	1	

Ⅱ　農家生活リズムの中味　37

		酪農経営・B農家					
		経営主			主婦			農作業なしの日
		8時間以上労働日	4〜8時間労働日	4時間未満労働日	8時間以上労働日	4〜8時間労働日	4時間未満労働日	
4月	上旬	6	4		7	3		
	中旬	⑩			7	3		
	下旬	⑩			6	2	2	
5月	上旬	⑨	1		4	3	3	
	中旬	⑨	1			5	5	
	下旬	⑪			6	2	3	
6月	上旬	⑨	1		7	3		
	中旬	⑩			7	2	1	
	下旬	⑨	1		⑧		2	
7月	上旬	6	4		5	2	1	2
	中旬	⑨	1		2	2	5	1
	下旬	⑧	3				1	10
8月	上旬	4	6			1	9	
	中旬	5	5			2	6	2
	下旬	6	4	1	2	5	4	
9月	上旬	3	7			7	3	
	中旬	6	4			5	5	
	下旬	7	2	1		7	3	
10月	上旬	6	3	1		3	7	
	中旬	5	5		1	1	4	4
	下旬	⑩	1		⑨		2	
11月	上旬	⑨	1		7		3	
	中旬	6	3	1	5	3	2	
	下旬	3	6	1		4	5	1
12月	上旬	7	2	1	6	1	1	2
	中旬	⑧	2			3		7
	下旬	⑨	2				2	9
1月	上旬	5	5		4	3	3	
	中旬	7	2	1	6	4		
	下旬	⑪			5	5	1	
2月	上旬	⑧	2		5	5		
	中旬	7	2	1	5	4	1	
	下旬	7	1		4	4		
3月	上旬	⑩			⑧	1	1	
	中旬	⑩			7	3		
	下旬	⑧	1	2	⑩	1		

		みかん経営・A 農家							
		経営主				主婦			
		8時間以上労働日	4〜8時間労働日	4時間未満労働日	農作業なしの日	8時間以上労働日	4〜8時間労働日	4時間未満労働日	農作業なしの日
4月	上旬	7		2	1	2	1	6	1
	中旬		3	4	3	2	2		6
	下旬	3	2	1	4	1	4	3	2
5月	上旬		2	1	7	1		5	4
	中旬	4	3	1	2	3	3	3	1
	下旬	7	2		2	⑧	1		2
6月	上旬	6	3		1	⑩			
	中旬	5	2		3	5	2	2	1
	下旬	⑧		1	1	5		1	4
7月	上旬	2	3	2	3	2	3	2	3
	中旬	1	3	1	5	5	2	1	2
	下旬	6	4		1	5	2		4
8月	上旬	2	2	3	3	1	1	3	5
	中旬	3	2	2	3	2	1	1	6
	下旬	3	3	2	3	4	4		3
9月	上旬	5	1		4	2			8
	中旬	1	3	1	5	3	3	1	3
	下旬	2	4		4	1	4	1	4
10月	上旬	3	3	2	2	3	3		4
	中旬	3	4	1	2	3	1	2	4
	下旬	6	2		3	6	3	1	1
11月	上旬	6	3		1	⑨	1		
	中旬	5	2	2	1	6	2	2	
	下旬	6	2	1	1	6	2		2
12月	上旬	5	5			7	3		
	中旬	⑧	2			6	4		
	下旬	7	2	1	1	⑨	2		
1月	上旬	3	2	2	3	3	1		6
	中旬		5	2	3		3	2	5
	下旬		3	2	6		4	3	4
2月	上旬	3	2	1	4	3		1	6
	中旬	6		1	3	4	3	1	2
	下旬	4	4		1	5	2		2
3月	上旬	4	3	1	2	6	3		1
	中旬	6	1	2	1	5	3	1	1
	下旬	⑨	2			⑧	3		

Ⅱ 農家生活リズムの中味

表11　福岡みかん農家の農繁期・農閑期の労働グループにみた生活時間配分

時期別	農業従事者別	労働日グループ別	生活時間構成 グループ別日数	労働時間（　）は時分	睡眠時間（　）は時分	家事時間（　）は時分	家事の「その他」の時間・教養・接客及び会合・外出・買い物（　）は時分
農繁期（11月下旬）	経営主	労働日 長時間労働日（9時間以上）	6	長い（9.45）	中位（8.10）	短い（0.22）	中位（2.05）
		労働日 普通労働日（7時間台）	2	中位（7.48）	長い（9.13）	中位（2.00）	短い（－）
		労働日 短時間労働日（0～1時間）	2	短い（0.30）	短い（7.42）	短い（0.15）	長い（14.08）
		平均（10日間）	10	7.31	8.17	0.33	4.20
	主婦	労働日 長時間労働日（8時間以上）	6	長い（8.51）	短い（7.21）	中位（4.16）	短い（0.10）
		労働日 普通労働日（6～7時間）	2	中位（6.43）	短い（7.15）	短い（5.05）	短い（－）
		労働日 短時間労働日（0時間台）	2	短い（－）	中位（8.05）	中位（6.05）	中位（6.05）
		平均（10日間）	10	6.39	7.29	5.04	1.41
農閑期（1月下旬）	経営主	労働日 普通労働日（4～7時間）	5	中位（5.35）	長い（8.48）	短い（1.17）	中位（2.20）
		労働日 短時間労働日（0～1時間）	5	短い（0.31）	長い（8.45）	短い（0.04）	長い（9.58）
		平均（10日間）	10	3.07	8.42	0.45	6.40
	主婦	労働日 普通労働日（2～6時間）	4	中位（4.51）	中位（7.50）	中位（6.12）	短い（0.31）
		労働日 短時間労働日（0～1時間）	6	短い（0.10）	短い（7.24）	長い（10.37）	中位（2.45）
		平均（10日間）	10	1.57	7.34	8.51	2.07

注：家事時間の内容は、炊事・片付け・そうじ・洗濯・裁縫・入浴準備・子供の世話・供仏・記帳の計

に、4区分ごとに日数を掲げたもので、各旬ごとに「8時間以上労働日」の日数が8日以上ある場合には○で囲みました。つまり○の多い時期が農繁期です。これで見ると、畑作経営主の5・6・7月あたりはすごい時期であり、主婦も相当な負担です。ただ全体としては農繁期にしてもやや労働時間の短い日々が組み合わされていることがわかります。

　佐藤さんたちはこれらの分析をふまえて、その第4報告においてみ

かん農家の経営主・主婦について、農繁閑比較の生活時間配分を考えています（**表11**）。

　11月下旬の十日間というみかん農家の農繁期において、労働時間を3区分（長・9時間以上、普通・7時間、短い・0～1時間）して、6日、2日、2日という日数を出した
　それを軸にして睡眠時間、家事時間、その他の時間に区分した
　それぞれについて、平均の時間数を示した（例・長時間労働の6日間の平均は9.45）
　経営主の普通労働日は睡眠時間を確保して休んでいる。だが家事時間を2時間担当しているので、合わせると10時間レベルになる
　この時期における短時間労働日は暇なのではなく、所用のために外出したのであって、他の時間が短くなっている
　この10日間（11・下）を平均すると、農繁期だが労働時間は7.31分、睡眠時間8.17分、家事時間33分、その他4.20分となっている
　同時期の主婦について見ると、区分を変えたが、10日間が6・2・2日の構成になっている。家事時間は中位で4～6時間となっている
　労働時間の長い時は9時間働いているが、労働のない睡眠の長い2日間がある

　なおこの表には農閑期（1月下旬）の、生活時間配分も掲げてあります。経営主にとっては睡眠を確保する時期で、「その他」にあたる用事をこなす季節です。主婦にとってはなんといっても中核的な家事そのものをこなす時期のようです。

（2）農家における労働リズム

　かつての農家のイメージは苦しい農繁期であり、つまり朝から晩まで働く長時間労働でした。そこでこれまでこのテーマを追いかけてきましたが、それは当時といえども年間のある特定の時期で、いわば特殊な労働でした。特定の生産物・作物の種まき植え付けのはじめの仕事、あるいは収穫という終わりの仕事という限られた時期の話でした。

　実際の農家は営農の範囲を特定の生産物に限定することは、今でも例外的で、多くの農家はいろいろな農産物を作っています。生産者としてはそれだけでも仕事が複雑ですが、そもそも動植物を育てるという仕事です。それらの成長を手助けする作業ですから、次々と違った仕事を進めることになります。作業する相手が生育のリズムをもっていますから、それに伴う作業の変化にもリズムが生じます。また当時は農業機械が少なく、畜力もありますがほとんど自分の体だけで作業します。その体は人間の生理的なリズムに支配されていますから、これが農家の労働リズムをつくります。

　事例3の大橋一雄さんは1959（昭和34）年に、農業労働の特徴を次のようにまとめています。

　「農業労働の特徴は労働過程における"異種継起性"と"季節性"である。農業労働は作物の成長に従って行われているのである（中略）。農業生産を行うためには、その時その時の作物の状態に応じて労働が異なってくる。すなわち異質の労働が順次に配列されてくるのであり、これが"異種継起性"である。また農業労働は各期間の労働量が均一でない、極めて短期間、ある一定期間に作業が限られているものや、作業期間が比較的長期にわたるもの、あるいは作業期間をある程度までは移動できるもの、また毎年必ずしも必要としないものなどがある。従ってそれぞれの期間の労働量は均一ではなく、季節的に繁閑の差が

著しくなる。これが"季節性"である」。

　今は日本中の稲作収穫作業では、大きなコンバインが動いています。手刈り作業をやるのは子どもたちや都会人の農業体験か、地域イベントの時ぐらいかもしてませんが、40年前まではごく一般的でした。当時、稲作の収穫作業は代表的な農繁期の辛い仕事でした。この作業を農外就業の変化との関連で、秋季労働構造の中に位置づけ、労働リズムの視点から観察・分析したのが中島紀一さんです（1974（昭和49）年）。この考察では千葉・成田市の2.2haの水田経営における手刈り段階の作業リズムについて指摘されています。

　「手刈り段階の収穫期作業は諸作業の組み合わせを中心とした秩序にもとづいて進められていた。水稲収穫期作業の特徴として、作業の種類が多い、その大部分は運搬作業の要素を含む、天候との関係で諸作業は連続して実施されなければならない、などが挙げられるが、これらの作業上の特質と労働力の条件に規定されて収穫期の作業実施の秩序は成立していた（中略）。当地の収穫期諸作業は①刈取（刈取＋結束）②おだかけ（おだゆい＋おだかけ）③稲あげ（おだから稲束をおろす＋稲束を運ぶ＋稲束を納屋に収納する＋おだほごし＋おだ材料の移動）④脱穀の4つに大別されるが、それらは相互に深く関連して進められていた。まず刈り取った稲はその日のうちには（遅くともその翌日）おだにかけなくてはならないので刈取→おだかけは1～2日のサイクルで進む。次に3～5日おだかけにかけられた稲は稲あげされることが望ましいので、稲あげ作業は5～7日のサイクルで進む。一方、労働力の面では、収穫期には他家の労力を導入するとはいえ中心となるのはやはり2～3人程度の家族労働力であるため刈取→おだかけの1サイクルの処理面積は自ずから10a前後となる。また農家は以上のような作業能率や作業リズムに合わせて、品種を早・中・晩に

分けて作付けしていた（中略）。このようなリズムをもって組み合わされた諸作業実施の秩序を以下作業展開方式と呼ぶこととする。このリズムをもった作業展開方式は農民の健康にとって重要な意味をもっていたと考えられる。異なった諸作業が短いサイクルで交互に組み合わされており、また作業能率の点では一般に刈取作業にネックがあったためその後の諸作業は比較的余裕をもって実施されていたのである。収穫期間は長く、重労働を伴うものが多いにもかかわらず、農民がなんとかこの時期をのりきっていたのはひとつにはこのためと考えられる」（中島紀一「水稲収穫期作業機械化の検討」『農作業研究』21、1974年、52〜61頁）。したがって、手刈り段階（1967）では、「労働時間が１日12時間にもなる日（夜作業の日）が13日もあるなど、かなりの重労働が続くが経営主夫婦の若さとリズミカルな作業展開方式に支えられて、それを乗り切った」と秩序ある労働リズムを軸とする農繁期構造を解明してます。しかし農閑期中心の農外就業から、農繁期といえども長く休むことが難しくなったため、バインダーという刈取・結束作業だけをやる機械を導入して、収穫期を乗り切ろうとした。しかしこの機械の一日30aという刈取能力に対して、おだかけ作業が間に合わず、やむおえず地干し・野積みをやらなければなりませんでした。そのため期間は短くなりましたが、経営主夫婦の時間的・重作業負担が増え、健康を害するようになりました（表12）。この苦しい状態から脱却するため、また農外就業が常態化したため、高価な自脱型コンバインを導入して収穫作業を一新することになりました。そこでもコンバイン作業補助者としての主婦の負担、70歳の母が乾燥機の管理をしていることなど、問題は残りましたが、ひとまず、収穫作業は機械化段階へ移行したことになります。そして同時にこの経営主はこの時点で農民から労働者になっていたといえます。

表12　千葉・水田農家（経営主夫婦40歳前後）の収穫の変化（1967〜1972）

段階別 \ 労働の姿	収穫作業時の労働	農外就業
1967（昭和42）年 手刈り段階	収穫期間　31日 ・労働時間が12時間にもなる日13日 ・夜間作業のため2.4日に一度従事 ・他家労働力延べ16人	○農閑期就業 ・2交代制6〜14時、14〜22時 ・農作業は出勤前、退勤後にやる
1970（昭和45）年 バインダー段階	収穫期間　18日 ・稲あげ、脱穀作業の強化のため ・夜間作業が1時間延長し、頻度も2.0日に一度となる	
1972（昭和47）年 自脱コンバイン段階	収穫期間　12日 ・コンバイン作業開始時刻9〜10時頃 ・稲上げ作業なくなる ・夜間作業がなくなる ・他家労働力延べ0.5人のみ	○常時就業 ・3交代制8〜14時、14〜22時、22〜8時の1週間交替

　もうひとつの労働リズムとして、農家においては一日の労働の中で、作業の能率の上がる時間帯と上がらない時間帯があります。しかしそれは必ずしも一定しているものではありません。それには多くの個人差もあり、稲作、酪農、野菜作など作目別にも傾向の異なる多様な測定結果が発表されています。かつて多くの農家が関わり身体的負担の重かった稲作の田植え作業についてみると、共通して次のような傾向が認められました。①作業者が若いこと、その人が作業に慣れていること、健康であること、田植え期間の前半の場合は、一日の中で午前中の方が能率が高い、②相対的に高齢なこと、作業に不慣れなこと、健康に問題があること、田植え時期の後半の場合は、全体として作業能率は低いが一日の中では午後の方が能率が高いようです。なおこれらに男女差は見られませんでした。なおここにいう能率は田植えの規則的な植え付け作業の速さで測りました。そこでは規則性の乱れが能率を低めるようです。

労働リズムの中で作業者自身も観察・分析する側でも軽視されるのは、ごく短いサイクルの、作業休止時間の存在です。このリズムの問題については、日本における労働科学の開祖ともいうべき暉峻義等氏が、すでに1940（昭和15）年に指摘しています。「すべてのくりかえし作業にはいつも必ず一定のごく短い休止の時間がある。これは作業には直接関係のない時間であるが、実際には一つの作業から同じ一つの次の作業にうつるまでの時間で、この時間の間には苗取りはしないが、次の行動の前提となるべき条件をととのえる時間、すなわち手の位置を変えたり、姿勢を元に戻したりするために必要な時間である。また時には一寸、一息いれて、次の作業に立ち向かうための時間でもある。短時間内に、何十、何百回もくりかえされるという性質の労働には、ここにいう、実際に直接に作業している時間と作業は休止しているが、それは作業の遂行には、是非とも必要な休止であるという意味を持つ、いわば間接的な意味を持つ休止時間がある。普通われわれはこの二つの時間をひっくるめて作業時間と言っている。ところが、この作業休止時間は時とすると非常に重要な意味をもつことがある。それはこの一見、作業を休止して生産には関係がないと思われるような時間が、実は延びたり縮んだりするという事実である。作業と作業との間にはさまっているこの休止時間の長さを、体力や作業能や疲労状態と関係づけて観察することは、従来もいろいろの場に試みられてきた一つの方法である。作業の熟練者は、この休止時間がほぼ一定しているが、不熟練者ではまちまちである。これは熟練者ではある一定のリズムをもっているし、不熟練者では作業の調子が乱れているからである。リズムをもつ作業は円滑に運び、不必要で不良の動作が除かれて、作業が標準化されているから、休止の時間が自然に一定になる。不熟練者の場合には不必要で不自然な動作があるので、作業時間が一

定しない。従って休止の時間もまちまちになる。ことに重要なことは、労働によって作業能が低くなったり、体力が消耗されたり、すなわち疲労すると、疲労しないで新鮮な気分で仕事している時に比べて、身体各部の動作が思うように運ばなくなる。中枢神経と筋との協同がこわれてくる。そうすると、平常ならば、円滑に、リズミカルに行える作業がギゴチなくなる。作業の時間が一定しなくなるにつれて、休止の時間が変化する。この時間のずれは、作業の時間の長さに現れるよりも、まず休止の時間に現れてくる。これは作業の方は努力すれば、十分に平常の能率—作業時間内にやることが出来るが、休止の時間には、その緊張が自然にゆるむ。従って休止の時間がのびる」(産業と人間、労働科学研究所)。

労働リズムの内容でここで十分に分析されなかったのは、家事時間です。農業労働の厳しさに焦点が当てられたため、また調査研究の担い手がほとんど男性であったためか、当時の文献にはあまり登場しませんでした。

戦後の女性問題、特に農村女性の生き方に先駆的な評論を展開した丸岡秀子氏は、1950（昭和25）年に次のような指摘をしています。「長野県の上水内郡南小川村の主婦の生活記録でありますがこれによりますと、春は大体午前四時に、冬六時に起きて一日の家事労働が始まります。こまかいことになりますが、まずきがえをいたし、かまどの火を焚きつけ、昨夜夕食後に用意しておきました御飯焚きから始まります。その火ぐあいを見ながら掃除をしたり、洗面、井戸からの水汲み、副食物の用意が出来上がって初めて家人が起きてきて朝食になります。済ませるとすぐあと片付けして子供を学校に送り出したあと、自分は畑へ出る。お昼は味噌汁を温めたり、漬物を洗ったり、切ったり、漬けたり、いたしまして昼休みをちょっとするとすぐに洗濯にかかり、

三時のお茶の準備をすると記せられております。そして夕食の準備、あと片付け、あすの御飯の用意をいたしまして、一日の家事労働から解放されるのは午後の十時過ぎであると記されております」(農村婦人の家事労働、労働省婦人少年局)。

　これらの問題提起を受けて、戦争後の農家の労働調査ではすでに紹介してきたように、農家における家事負担を軽視・無視するようなレポートはありませんが、しかしそれらのほとんどは時間量の把握に止まりました。家事は時間量を農家に記録してもらうこと自体、中々の負担です。今日まで残っている時間記録は、なんとかまとめられたものですが、そのためか、研究サイドからの立ち入った家事についての生活リズムの視点からの分析はありませんでした。

4．より長い周期の生活リズム

(1)「農休日」という休日リズム

　農家における年間リズムでは、今日ほとんどみられなくなった「農休日」が、かつては地域ではとても大事な申し合わせだったのです。民俗学の分野では「田舎生活は来る日も来る日も休みなしの仕事ばかりではなくて、盆正月や祭礼・節句などのように一定した休日のほかに、休業する日は多かった（中略）。そういう日が仕事の忙しい五月から十月頃までの間に、毎月二、三回はあったという伝承を持つところが多い。そのほかに、雨が降れば雨喜びといっても休み、風のよく吹く頃はには、風日待ちといっては休み、休む日は存外に多かった」(瀬川清子『日本人の衣食住　日本の民俗2』、河出書房新社、1976年)。

　北村美江さん(「農業者の年間のくらし方について」農村生活研究、

19-2、20〜24、1975）は「かつて自然の四季の推移と農業労働過程との調和の上に組み立てられていた農家の労働日と休日の循環リズムが、農業労働条件の変化、家族の多就業化などによって、大きく崩れてきている」という問題意識を持って、2.6haの「新潟県下の代表的な１稲作農家を対象に」1970（昭和45）年と1973（昭和48）年の二年間の休日配分の比較を行っています。そして５点の変化を指摘しています。

①1970年には経営主、主婦とも農作業の繁閑と対応して、農閑期に休日が集中していた。これが農外就業のはじまった３年後の1973年になると、４、６、８月にも休日がまったく見られなくなっている。

②この地方では毎月一日、十五日を農休日として各種の行事を行う習慣があった。73年にはこの休日のリズムは崩れ、日曜日を考慮しつつ、休日・半休日が設定されている。

③この間、年間における夫婦共通の休日が19日から12日に減少している。

④半休日は70年には経営主47日、主婦17日だが、73年には31、11日と減少している。この半休日は農外就業と親戚・ムラ付き合いの関係で存在している。

⑤総労働時間は経営主は73年になると300時間減少し、主婦は100時間減少している。これは長時間の農業労働時間日が減少した結果で、農外労働日は増えている。

この分析から北村さんは「これまでの自然の四季の移り変わりと農業労働過程との調和の上に形成されていた休日のリズムは、労働条件——特に農外労働——の変化とともに急速に崩れつつあり、そこにはまだ新しい労働条件に対応した休日のリズムの確立がみられない」と結論づけています。

（2）年間における生活時間構成の変化

　農家に限らず日本人にとって、年間における季節の変化はとても大事です。日本人の心を支配しているといっても良いでしょう。農業生産にとっては心情を越えて、死活的な基本です。いうまでもなくここにいう季節とは、四季ということです。

　農業史・農業技術評論家の筑波常治さんは「日本の農業では季節に対する適応が極めて重要だった。これもひろい意味の技術のひとつにいれることができよう。日本の自然の特色に、きわめて複雑な季節の変化をあげられる（中略）。どこからどこまでが春で、どこから冬にはいるのかという境界の区分はどうも明確でない」（農業における価値観、講座・比較文化、第7巻、126～147、研究社、1976）として、季節区分の二季説、四季説、七季説などを検討しています。

　さて前掲の4事例では、あくまで本州と九州の話ですが、農業労働を軸としてみると、春・秋の農繁期、冬季の農閑期という季節変化は、くらしの基本です。そして農繁期・中間的な時期・農閑期が、それぞれの月は違いますが、6～8期位の生活時間構成の類型がみられました。それを山口・**表3**、新潟・**表4**、愛知・**表5**、山形庄内・**表6**に、説明抜きで表示してきました。

　これらから全体をまとめて考えられる生活時間構成の類型を**表13**に掲げました。

　ここの春・夏の睡眠時間の短い労働時間の長い時期、労働時間は長いが睡眠時間も長い秋の時期に大別され、その中間の時期からなる一覧表です。これは延11類型になりますが、それらの構成日数は多様で、短い場合は10日間、長い場合は2～3月になります。この表には「就労類型」という名称の欄をつくり、それぞれの生活時間構成の特徴を表現するようにしました。これまでこれらの表現を便宜的に使用して

表13 農家生活時間の構成類型

生活時間構成の類型			生活時間の構成		
季節型	農繁閑期型	就労類型	睡眠時間	労働時間	その他の時間
春夏型	農繁期型	過労型	短い	長い	中位
	準農繁期型	農外従事型	短い	長い	中位
	準農繁期型 準農閑期型	農繁準備型 (疲労回復型)	短い	中位 7〜8時間 5〜6時間	長い
	農閑期型	休養型	短い	短い	長い
春秋型	準農繁期型	農繁準備型 (疲労回復型)	中位	長い	短い
	準農繁期型	均衡型	中位	中位	中位
	準農閑期型	疲労回復型 (農繁準備型)	中位	短い	長い
秋冬型	農繁期型	重労働型	長い	長い	短い
	準農繁期型	農外従事型	長い	長い	短い
	準農繁期型 準農閑期型	疲労回復型 (農繁準備型)	長い	中位	短い
	農閑期型	休養型	長い	短い	長い

きましたが、ここには4事例には登場していない名称があります。それは「農外従事型」です。農業労働の具体的な説明の中に、早い時期から農外就業の影響が現れていました。そしてひとつの類型として提起しました。

　これらのうちから、これまで紹介してきた農家は6〜7類型を選んで過ごしてきたようにみえます。私は四季に加えて、田植えという農繁期の印象が強いせいか梅雨という季節、そして稲刈りに代表される秋の農繁期のため、9月頃の野分という季節を加えて、このころの農家にとっては季節とは六季ではなかったのかと考えております。

5. 農家における一日生活リズム

　いま普通に"生活リズム"というと、それは1日生活リズムのことです。子どもの生活リズムというと、何時に起きて学校へ何時にいっ

Ⅱ　農家生活リズムの中味　51

てということを時刻でしめしたものです。別に季節や勉強のことではありません。

　大人にとっても寝ている時と起きている時から構成される1日生活リズムは地球に生活する限り基本単位でしょう。人間にとって睡眠時間はとても大切で、これまでも度々話に登場してきました。今の世では生活から睡眠すら奪われていて、大問題になっていますが、その睡眠自体にもひとつのリズムがあり、レム睡眠とノンレム睡眠から構成されています。

　さて大人にとっては、ほとんど寝ているのが仕事の新生児と違って、起きている時間帯の生活行動が全てです。さらにその時間の中でも、その日にどういう仕事をするか、起きてからどんな労働に向かうのが大事です。これまで紹介してきた農家の場合には季節という時期がそれぞれの具体的な作業を決めますが、それが1日生活リズムの骨格を作ります。

　話を具体的に進めるために図2を例示しました。この時期は4月中旬、農繁準備期にあたり、男性農業者の労働時間は9時間で短いとは言えませんが、忙しさではやや普通の日です。まずおおまかに睡眠と起床時間の組み合わせのリズムが

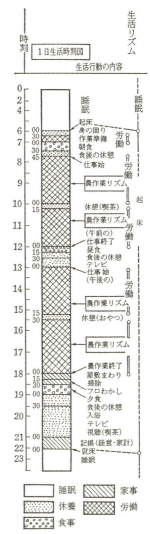

図2　農繁準備期（4月中旬）における男性農業者の一日行動図

出典：『時間生物学ハンドブック』

あります。今の世で現役世代はこの基本リズムが崩れているわけですが、人間にとってはこれがリズムの柱です。そしてその起床時間の中での大部分が労働時間となり、その中身を構成するのが、今お話しに出た作業負担の軽重を軸とする農作業リズムです。それにここでは短時間の家事時間が加わります。そして食事時間が１日生活の区切りとなります。それに食後の休みが加わります。

　１日生活リズムとしては、農作業リズムの合間にある農休み（基本的には10時頃の午前の、３時頃の午後の）があり、入浴という休養が大事です。

　入浴は生理的には労働に準ずる活発な状態といわれていますが、気分的には休息そのものです。いわば労働と休息の結節点に位置しています。そのため民俗学でも農村生活研究でも、１日のしめくくりとして重視されてきました。もとよりこの当時にはどの農家にも風呂があったわけではありませんから、そこに色々なトラブルも生ずるわけですが、先述の丸岡秀子さんも家事負担の話の先に、農村婦人にとっての「お風呂」の意味を指摘されています。そして経営主や高齢者は農作業の後に入浴するのが一般的ですが、主婦や嫁たちは夜の家事作業の後に入浴しています。その点では入浴から就床までがこれらの方々にとっては真の自由時間かもしれません。

　なおこういう１日単位の生活を考えるには、生活行動の分類ということが前提となりますが、その話は煩わしいのでここでは省略しました（森川辰夫「農家における生活時間の分類項目」前掲・中国農試報C22・農家生活構造、付第４表、1977）。

　なお、生活時刻の問題は生活を考える際にしても大事なポイントですが、この一日生活リズムだけに限りまして、ここでのお話からは外しました。

6．農家生活リズムの重なり合い

　これまで紹介してきた農家生活リズムには、それぞれ周期の長短があります。それを生活リズムの重なり合いとして、一覧表にまとめたものが図３です。ここで最も周期の短いリズムは、田植え農作業中、苗植えの動作で腰を伸ばす短い休止が挟まります。これは呼吸のリズムと同調しているわけですが、身体としてはその基礎に脈拍のリズムがあることは言うまでもありません。

　ここにあげた労働例は田植え作業（一層目）ですが、田植えという腰をかがめたり、少し伸ばして休んだりする作業をずっと続けている訳ではなく、それとは異なる軽作業が組み合わされて全体が進行します。これは苗を補充するという農作業そのものの必要性から生まれていますが、農家は体の動かし方も工夫して効率よく働こうとしますから、この作業の進め方自体に「段取り」というリズムを意識しています。これが図の２層目にあたります。

　次の３層目の１日の「時刻布置」がしめすように、この一連の農作業と休憩が労働を軸とした１日の生活リズムを構成します。この田植作業日の重労働＋長時間労働日が農繁期の中核となりますが（４層目）、ここに記した週生活リズムは、この当時のしかも農繁期の農家には存在しません。しかし普通の労働者、現代の生活者にとって「週」という生活周期は、１日に次ぐ重要な生活の軸でしょう。したがって生活リズムの周期としてこのあたりに相当すると想定しました。

　そしてこの長時間労働日とやや短い労働日との組み合わせで、田植期全体（５層目）が構成されます。ここでも一気に作業を進めようとする前半期と疲れと余裕のある後半期があります。

　この農繁期はそのための準備期と、体の疲労回復回復期に挟まれる

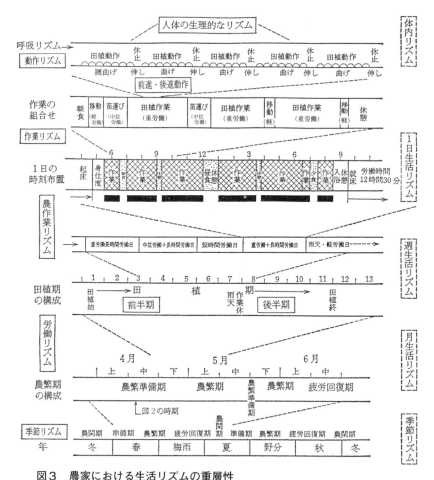

図3 農家における生活リズムの重層性
出典:『時間生物学ハンドブック』

構成（6層目）となります。ここにも月という生活周期を想定していますが、農家にとって意味のあるものではありません。この時期を年間季節リズムに当てはめたものが7層目に相当します。年という農業生産にとっても、人間誰しも無視できない生活周期の意味については

つけ加える必要はないでしょう。

　そこで誠に唐突ですが、一年間の農家生活のサイクルを表現する試みとして、**図4**に「千葉県成田市N農家の年間（1968）における農業労働時間という生活リズムの模式図」を作成しました。「生活」の表現手法として成功している訳ではありませんが、366日の1日毎に農業労働時間の長さを表示してみたので、5・9月の農繁期の厳しさ、その他の時期の変動の姿を読み取っていただければ幸いです。

7．農家における食生活リズム―1事例の紹介―

　1950（昭和25）年当時、前出の評論家・丸岡秀子は、「農村では釣り合いの取れない食生活という問題が批判の対象になっておりますが、農繁期はまったく味噌汁と漬物、それからお鍋の中にどっさり野菜を煮つけ、それを何日も何日も農繁期中食べ続けるというふうな状態が出てくる訳であります」と指摘してます。この姿が現実であり、解決しなければならない生活問題でした。

　この時代は戦後日本全体が食糧難・栄養不足を克服しつつある段階で、確かにこの時期は食料生産者自身の食生活も厳しいものでした。しかしそれまでの農村の食生活には、伝統的にそれぞれの地域に個性的な行事食というハレ食がありました。ですからそれに注目するなら、それは一つの豊かな「農家食生活リズム」ともいえるものでしょう。ここでは再建されたり今日的に加工されて商品化されたりして、よく話題となる「郷土の行事食」ではなく、ケの食事、日常の食事の変化、生活リズムと考えられる姿の紹介を課題とします。

　この課題でも全国各地の事例について数多くの報告・研究成果がありますが、私がここで紹介したいのは1農家の一年間の食事記録です。

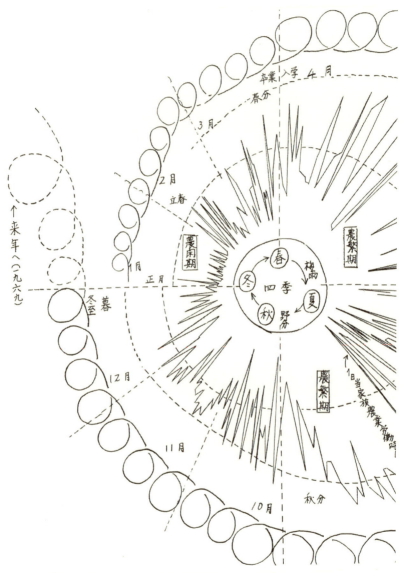

図4　農家の年間における農業労働時間という生活リズムの模式図
（千葉県成田市のN農家の場合・1968（昭和43）年の366日）

Ⅱ 農家生活リズムの中味

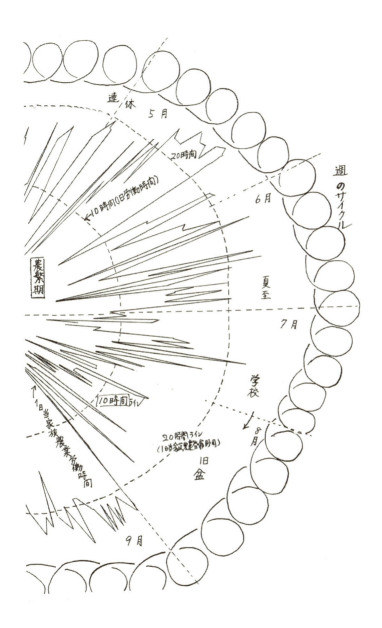

表14 成田市小経営農家における年間献立構成のリズム（1961年9月～1962年8月）

就労類型	各月総食事数にしめるCD型献立の比率	月別1日平均家族1人当たり1食当たり米食量	献立型構成類型による各月の表示
農繁期型 （5月、9・10・11月）	40％以上	1.20 合台 （11月　1.27合）	D型を含む献立 C・D・A ……………10月 A・C・D ……… 5・11月 A・B・D …………… 9月
準農繁期型 （準備・回復） （4・6・12月）	40％前後	1.20 合台 （6月　1.29合）	（6月）　　A・C・B 　　　　　（夏型） （2・7・8月）
農閑期型 （1・2・3月、7・8月）	30～40％	1.00 合台	（4・12月）A・B・C （1・3月）　（冬型）

　その観察から農家なりの変化や生活上の工夫を見出す試みです。調査時期は1961（昭和36）年9月から1962（昭和37）年8月の一年間で、農家は前出図3・4の水田1ha＋農閑期兼業の小経営で、夫婦と娘3人の家族です。当時、長女は高卒後農業従事者として両親を助けて働いていたので、この9月から11月は専業農家です。この農作業終了後12月から1月は成田市街地に住み込みで働きに出たので家族数が4人になります。その後自宅から通勤するようになり、再び5人家族の暮らしになりました。小さな水田経営と常時農外従事者のいる兼業農家という、当時ではあるいは今日でも通用するかもしれない、最も普通の家族生活でしょう。

　表14はこの農家の農繁期・準農繁期・農閑期別にみた献立の変化です。

　この表のために、A～Dという「献立型」の説明が必要でしょう。献立は食卓に並ぶ料理の組み合わせですが、当時の農家といえども食材と個々の料理は多彩ですから、それらを簡便に表現するために従来から「献立型」という手法が活用されてきました。それらの研究手法の到達点をふまえ、かつ、この調査農家の食生活の状況をし、かつ、

なるべく型そのものを簡略化するために、五つの型を想定しました。この分類は当時の食生活を前提としていますから、今日の日本人の食事実態分析にそのまま通用するものではありません。この農家の食事は「ご飯とそのご飯をおいしく食べられるおかず」ということが基本だと前提しております。

その献立型分類は次の通りです。

A：米飯＋汁（ほとんど味噌汁）＋漬物

B：米飯＋汁＋漬物＋植物性の副食物一品

C：米飯＋汁＋漬物＋動物性副食物一品（＋植物性副食物も含む）

D：米飯＋汁＋漬物＋動物性副食物二品以上

E：粉食（麺類・パン類）

A型はご飯と味噌汁、漬物という食事で、当時でも評判の悪かった農家の代表的な献立です。しかしじつはその味噌汁の中味、具材が問題ですが、ここではほとんど自家産の季節の野菜類です。

B型は3点セットの基本に丸岡の指摘した野菜の煮物などが加わった献立です。A・Bとも自家調達の食材ばかりで、購入品は豆腐などごくわずかという点が特徴です。

C型はその基本に何らかの動物性食品による副食物がつく献立で、それは卵か魚です。この卵は自家産で魚はほとんど購入品ですが、経営主が自ら近在の河川からとった淡水魚もあります。このほかに植物性食品が献立に含まれていてもC型とします。つまりBはAを含み、CはBを含むということです。

D型は動物性食品を二品以上含む、当時ではかなりのご馳走の献立となります。食事の準備にも手間がかかります。

E型は米飯以外の麺食・パン食を一括しました。この献立は調査農家の献立には登場回数が少ないのでまとめましたが、この点が今日の

表15 調査農家の月別・三食別にみた年間米食の状況
（1961年9月～1962年8月）

主食 月別	家族数	月間総食事数	朝・昼・夕食別炊飯量						
			朝食時			昼食時			
			回数	総炊飯量	1回当たり炊飯量	回数	総炊飯量	1回当たり炊飯量	回数
	人	食	回	合	合	回	合	合	回
1961年9月	5	450	30	381	12.7	―	―	―	24
10月	5	465	30	397	13.2	2	20	10	21
11月	5	439	30	394	13.1	―	―	―	21
12月	4	372	31	304	9.8	―	―	―	22
1962年1月	4	372	26	221	8.5	5	34	6.8	16
2月	5	412	28	274	9.8	1	10	10	19
3月	5	465	31	329	10.6	―	―	―	23
4月	5	450	30	342	11.4	3	24	8	27
5月	5	465	31	376	12.1	―	―	―	27
6月	5	450	30	368	12.3	1	7	7	30
7月	5	465	29	328	11.3	―	―	―	18
8月	5	465	31	303	9.8	―	―	―	19

注：＊総炊飯量÷月間延米食数＝1食当たり米食量

日本人の食事と最も異なるところでしょう。この農家は畑で少量の小麦を生産していたので、7月の初め頃、乾麺と交換していたので、7、8月頃の夕食に時々うどんが登場していました。

さてこのごく大雑把な献立型分類で一年間の食事の姿をみると、5・9～11月の農繁期にはやはりC・D型の献立が多く、準農繁期の時期、すなわち田植え準備の4月・回復期の6月、秋季農繁準備・回復期にあたる12月とはD型が少ないなどの違いが見られました。また農繁期でも各月によってC・D型の登場に差があります。やはり農作業の負担を考えて工夫されているといってよいでしょう。

農閑期はやはりA・B型の割合が多くなっています。また全献立数におけるC型の位置も違うようなので、C型が2位なのを夏型、C型が3位でA・B型主体の月を冬型として区別しました。この季節別月別に見た献立型の変動にどれだけの一般性があるのか即断できません

米食				月間延米食数	1食当り米食量*	もち米		月間米消費量
夕食時		三食合計炊飯量						
総炊飯量	1回当たり炊飯量	総炊飯量	1回当たり炊飯量			回数	炊飯量	
合	合	合	合	合	合	回	合	合
150	6.2	531	17.7	435	1.22	1	10	541
138	6.6	555	18.5	457	1.21	1	30	585
154	7.3	548	18.3	431	1.27	—	—	548
142	6.5	446	14.4	366	1.22	1	30	476
84	5.3	339	13.0	354	0.96	11	…	339
124	6.5	408	14.6	404	1.01	—	—	408
162	7.0	491	15.8	456	1.08	1	20	511
192	7.1	558	18.6	448	1.24	—	—	558
188	7.0	564	18.2	462	1.22	1	20	584
205	6.8	580	19.3	450	1.29	—	—	580
126	7.0	454	15.7	448	1.01	2	52	506
120	6.3	423	13.6	451	0.94	1	20	443

が、この調査農家では農作業の進行と季節変化をふまえて、献立型構成が変化していたといえるでしょう。

　日本人のコメ離れが著しい今日からみると、もはや異様なコメ依存の食事かもしれませんが、この農家の食事は基本的に米飯です。この時期は大戦後のコメ不足からやっと脱出して、いよいよコメ過剰時代に入る時代に当たりますが、食生活が米飯に基盤を置いていた時代の、ご飯を食べて精一杯働いていたコメ生産農家自身の記録として、**表15**を掲げました。前掲**表14**を裏付けるものです。

　さてやはりこの農家の食事においては、A・B型かC・D型か、動物性タンパク質を摂取しているかどうか、購入食材があるかどうかが、大きな境目のようです。そこに着目して毎月の献立の中でA・B型のみの日数を示しました（**表16**）。そして農繁期の10月の場合にそのA・B型の出現回数を日数で図示しました。そしてこの月の間に4回変化

表16 調査農家の月別献立型におけるA・B型献立のみ日数と変化回数

月別・グループ別	第1グループ		第2グループ						第3グループ					
変化の内容	1961年10月	平均	1961年11月	1962年2月	1962年5月	1962年6月	平均		1961年12月	1962年1月	1962年3月	1962年4月	1962年7月	1962年8月	平均
A・B型献立のみの日数（日）	2		7	5	4	5	5.4		10	8	12	8	8	9	9.2
変化の回数（C・D型から A・B型へ、また逆方向）（回）	4		9	6	6	6	7.2		11	9	15	9	8	12	10.7

第1グループ：10月 4回変化

第2グループ：9月 9回変化、11月 9回変化

第3グループ：2月 6回変化、5月 6回変化、6月 6回変化

Ⅱ 農家生活リズムの中味 63

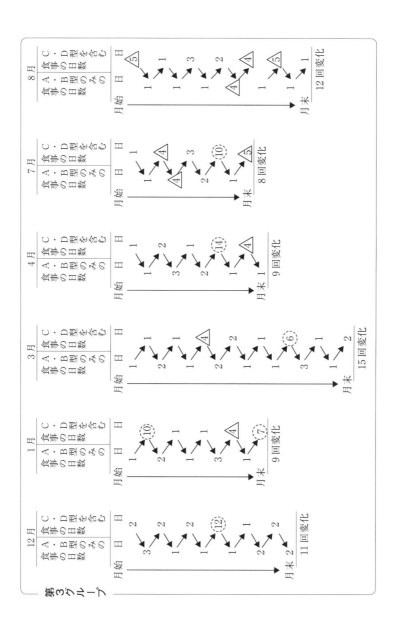

があったとします。

　次にA・B型献立のみの日数がやや多くなる（平均5.4日）5ヶ月分について第2グループとしてまとめてみると、月の中で9回、あるいは6回変化しています。このように変化にこだわるのは当時の農家の食事が単調だ、という印象、批判、思い込みが一般的なので、実は細かなリズム現象ともいうべき、献立の工夫があると申し上げたいのです。A・B型献立のみの日数が多い、農閑期を中心とする第3グループの6ヶ月は、月の3分の1の日々がA型か、B型となります。しかしそのためにA・B型からC・D型へ、逆にC・D型からA・B型への変化の回数が平均10.7回となり、決して単調ではなく、実に細かく変動していることがわかります。

　これらのことからこの調査農家だけのたった一例かもしれませんが、いわば地味な食事を示すA・B型の圧倒的な分布と同時に食卓が決して単調にならないように、日常の献立が整えられていたと判断します。さらにこの分析では未解明で残念ですが、味噌汁の具の変化という内容があります。そこに農家の献立のもう一つの秘密があると考えられます。

この部分の根拠とした文献について紹介します。
森川辰夫「農家生活構造のリズム論的考察」『中国農業試験場報告　C　農業経営部』第22号、1977（昭和52）年3月、農林水産省中国農業試験場、35〜140頁（図16、表25、附図3、付表16、引用文献112点）
森川辰夫『農村生活の構造　農家生活リズム論的分析』、明文書房、1981（昭和56）年9月、193頁
森川辰夫「4.3　農家労働における生活リズム」千葉喜彦・高橋清久編集『時間生物学ハンドブック』、朝倉書店、1991（平3）年10月、479〜486頁
森川辰夫「第2章農家の献立の移り変わり」「第8章総括」財団法人食生活研究会『農家の食料消費構造の変化に関する調査分析』、1977（昭52）年12月、40〜69頁、421〜463頁

Ⅲ　身につけよう「生活リズム」―私の提案―

○　昔ばなしですが

　これまで40年も50年も昔の話を次々に並べました。この数十年で、たしかに世の中の様々な姿はすっかり変わりましたが、そこに暮らす主人公の、肝心の人間自身が、地球の上では一日24時間の範囲と周期で働くこと、活動することを中心に生きることには変わりがありません。そしてそのためには、生物としての人間は睡眠をとらねばならないことは変わりようがありません。そこで半世紀前の、現代日本人の原型の一つ、農民の睡眠時間と労働時間は生の数字を並べました。

　そのほかの社会生活時間の中身は、この間の激変した様々な社会的変動を受けているでしょう。しかし寝ること働くことの生活時間の基本は不変です。思えば面白い、多数の語り手の長い歴史によって磨かれた「日本昔話」は、身近に文字としてお話として、それなりに残っているので、これらの生活時間の数字も日本人の記録として残したいものです。

　Ⅱ部で紹介した半世紀前の農家の暮らしの姿はたしかに昔ばなしですが、その生活の枠組みを決めている地域の環境というか風土条件は、近年の気候変動で多少悪くなっているというか、変化していることはありますが、その基本はあまり変わりません。たしかに現代人の暮らしは現実の労働条件に決められますから、かつての農家の生活リズムそのままでは過ごすことはできません。しかしその生活の工夫の中に、現代の生活リズムとして再生できるポイントがあると、私なりにまとめてみました。

　自分の生活リズムを持つことは、現実に自分を大事にするという、

基本的な人権の一つです。この自分自身の人権に鈍感では、ほかの人の、これから身近な人になる多様な外国ルーツの方々の人権に対して敏感でありえないでしょう。

○　**生活リズムの基本は睡眠です**

　今の世の中では寝ること、睡眠をとることは、怠けているようなマイナスイメージのある、何かわるいことのようですが、8時間という時間の枠を生活の中で確保することは、生活の基本の基本です。もちろん個人的には現実の睡眠は7時間でもいいわけですが、あくまで生活時間配分の枠としてはだれでも8時間は確保したいのです。それを社会的にも家族生活としても安定的に時間的な枠として保証することです。

　このことはかつてはごく社会的な常識でしたが、働いただけ稼ぎが増えるという経済成長期を経てからか、寝ないでも働くような風潮が世間をおおい、睡眠を軽視するようになりました。今では世界で一番睡眠時間の短いのが、この列島に生活する人々のようです。恐ろしいことにある調査では、成長期の子どもの段階でもすでに世界一短いのだそうです。

　かつての農家はたしかに農繁期には長時間労働だったから、一時的には睡眠時間が短いことはありました。しかしそれは限られた時期だけで、今のように年中睡眠時間が短いという無理はしませんでした。当時は労働自体も厳しく、栄養条件もわるかったのでそんな無謀なことはしませんでした。

　生活リズムという言葉はどうやら一般化しましたが、最近は影が薄いとひがんでおりましたが、この風潮にはやはり世間にはびこる睡眠軽視が根っこにあるようです。

○ 8・8・8時間を

　その睡眠軽視の主犯は、いつの間にか世間で当たり前になった長時間労働です。もちろん様々な仕事の事情で、いわゆるグローバルな世界に対応するため、突発的な出来事のため、季節の変動に対応のためなどなど、時には長時間労働になることはあるでしょうが、それはあくまで一時的な例外的なことにしなければなりません。

　長時間労働問題は現代社会の、いわば諸悪の根源で、いまさらここで指摘しても微力な発言にすぎませんが、それが生活リズムを壊している主な原因であることは間違いありません。睡眠8時間を確保して、労働時間を8時間におさめておけば、残りが本人の暮らしのための家事時間・生理的時間・社会的活動時間の8時間となります。だからこの時間も複雑になった現代社会ではとても8時間では足りないぐらいですが、当面はこの8・8・8という時間配分を目標にしたいのです。

　昭和前期生まれの世代で義務教育で新「憲法」を教わった我々の世代は主権在民、戦争放棄・平和主義とともに基本的人権を言葉として刷りこまれたことになります。70年の憲法の歴史の中で、わが世代としてもそれなりに三原則を具体化して身につけてきましたが、中でも一番身近なはずの基本的人権の中身というか、その自覚がいまでも弱いように思います。私はこの自分自身の生活リズムを身につけることを基本的人権の一部にしたいと思います。

○ 仕事は多様、複雑が当たり前

　昔の農家は年に一度だけのような作業も含めてとても複雑な仕事をこなしてきました。今の農家はかなり合理化されてきましたが、それでも他産業には見られないような多様な仕事を進めるのが当たり前です。この複雑さが当時の過重な労働と重なり、農作業の後進性として

批判の的になりましたが、今日ではあえてその側面を生活リズム上積極的に評価したいのです。

　農作業は過酷で長時間労働でしたから、それを克服するために多様な体の動かし方を生み出し、なんとか乗り切ってきました。それが多様な動作リズムの根源です。

　これらの複雑な作業を進めるには、言うまでもなくいわゆる仕事の段取りが大事です。農家ではこの段取りが家族全体で共有されており、かつ伝承されているので、それなりに滑らかに進行します。どこの労働現場でも一般に仕事の「段取り」はきわめて重視されます。それは当たり前で、いわば仕事進行上の「譜面」に相当しますから、これ抜きには現場では何もできません。そうなると新たに段取りを作ることは「作曲」に相当します。現実の作業リズムは「演奏」ですから、意識的な生活リズムの譜面を持って暮らす必要があるでしょう。

　家族全体で共有されている段取りを基礎とし、その時の実際の作業条件に合わせて農作業を進めるのは中心になる基幹的男性作業者ですが、もっともリズムがうまく進行するのは農繁期の前半期でしかも1日単位で見ると誰もが元気な午前中のようです。どうしても後半期にはリズムが崩れやすいことを気にすべきでしょう。

　今の産業社会の労働現場で、これらの知恵を再現することは難しいでしょう。そこになんとか短い休憩をはさむなど、いくつかの工夫を期待したいのです。さて1日生活リズムの全体となると、現実の食事時間を決めるのが主婦なので、この方が一家の段取りの中で生活を仕切っていることになります。

○　いまさらですが、**生活を刻むということ**
　睡眠、労働以外の残りの生活時間がいわゆる本人のための時間です。

この枠のなかで生活するための家事時間、本人の身の回りのことや食事時間、文化・教養時間、今日ではスマホ操作時間などの全てをこなさなければなりません。

　家事をどうこなすかは現代の家庭人の関心事です。そこではなんといっても、頑迷な男性の参加、負担のあり方が課題です。そこで先はどの作業の多様性を確保するために、家事作業を意識することはどうでしょうか。これはあくまで本人の8時間労働が前提になります。家事は稼ぎとしての労働とは違いますが、体の動かし方としては連続性があり、異種作業としてのリズム回復の効果が期待されます。かつての農家の経営主は、当時の自給生活のためかなり家事時間に計上される生活時間がありました。その作業の中身は今の暮らしとは異なりますが、生活管理のための仕事をなるべく外注しないで家庭内で営むという面では共通するかもしれません。

　現代人の生活リズムはあくまで睡眠・労働のバランスが基本ですが、では勤めの制約のない方はリズムから自由でしょうか。

　作家・文芸評論家の関川夏央さんはいわゆる自由業ですが、「ひとりものの生活にはみずからを律するものがどうしても必要で、その要素は仕事、外出、家事の三つだと思う」（中略）。外出して「勉強会に出席し、ならいものをするのは生活にリズムを刻むためだ。アクセントをつけるためだ」（日経新聞、シングルライフ、1993.7.13）と言われています。

　農家の場合、日常生活を刻むという点で特徴的なことは、入浴でしょう。昔はどの家にも風呂があったわけではないので、日常的に入浴することはなかなか難しかったのです。それだけに体を洗うという保健的な見地だけではなく、農作業の疲れを取る、気分を切り替えるということが暮らしにとってとても大事なことであったということが、戦

後間もなくの初期の農村生活研究で指摘されています。生活改善の推進により農家に風呂が普及し、どこの家でも入浴は当たり前になりました。その後あまりこの問題は指摘されることはなくなりましたが、今日の厳しい時間配分の中であらためて、入浴を１日の生活に刻みたい。忙しいからこそ生活リズム形成上、労働と休息の結節点として再評価したいものです。

　この分析の基礎になった多くの生活時間記録は、それぞれの農家の貴重な時間配分の中で記帳されました。その記帳を無理にお願いしましたが、日本には昔からいわゆる精農家といわれる方がおられました。文化史的に見ると日本人にとっては日記をつけることが教養上、特別の活動のようです。この営みを忙しい現代生活に再び生かしたい。この日記というものは重く考えると、意識的に刻んだ生活の、その１日の総括ですから、簡単なメモ程度でも、色々な意味でよほどの余裕がないと、たしかに毎日の習慣とするには無理でしょう。

　随筆家・串田孫一さんは日記の効用をあれこれ考えた挙句、それらを否定しないが「何のために日記を書くのかと自分に問うて見ると、これは自分の遊びだと答えるのがもっとも適切である」と言われています。あまり重々しく考えるな、という助言でしょうが、なかなか高級な時間の過ごし方かもしれません。また二、三年前のある新聞記事に読者の「日記は記録じゃなくて、明日また書けるページがあるという希望だ。空白に広がる未来があるから頑張れる」（朝日、2016.1.19）という発言がありました。

○　季節、そして生活周期について
　農家にとっては季節が何よりも大切です。現代人にとって季節変化はほとんど無視した暮らしを強いられています。しかしこの列島に暮

らすには季節が大事です。というより季節変化を楽しむことこそ、この列島に住む最大の楽しみでしょう。四季の変化という生活リズムが今の日本人という、国際的にみると少し個性的な人間のグループをつくってきたといえるのではありませんか。

　農家の季節は農繁期を中心に6期ないし7期の変化が見られます。それから日本列島は四季ではなく生活上は春・梅雨・夏・野分・秋・冬の6期に分かれるのではないかと見ています。もちろんこの時期の問題はそれぞれ地域性が強いのは当たり前で、長い夏ということもあり、逆に長い冬の地域もあります。したがってその中間の時期もあるわけで、それぞれの季節変化のくせというか特徴こそが風土というか、そこの地域個性の土台でしょう。

　農業・農村に直接関連がなくとも、この1〜2ヶ月単位の季節変化という生活リズムの基礎を意識した暮らしが、いわば健全といえるでしょう。この変化に合わせて衣服を変えていく習慣は現代人にとって当たり前ですが、逆に食生活では国内各地から、果ては世界から同一食材の供給が豊富になり、年中好みの献立が変化しないのが、どうやら一般的になりました。しかし各地に地元産品の販売所ができ、根強い人気があるようです。食卓に季節を登場させるためには地元の旬の農産物・海産物を活用するのが普通でしょうが、そこに季節を意識的に生活に印象づけるために、今でも季節性の強い農産物である果物を登場させたい。果物は食べ物だから栄養価が問われるのは当然ですが、それだけではどうしても高値感が残り、購入に消極的になります。そこで四季感の失われた生活に季節を強引に刻むために、食卓に果物を登場させたいのです。

　現代人の生活周期は何と言っても「週」という単位でしょう。月という単位は経済生活上、今でも無視できないはずですが、今の方々は

日常的には、月を越すことにあまり関心がありません。昨今は農産物出荷の日程ということがありますが、これまでの農家には、農作業上、週という単位はほとんど関係がありませんでしたので、今までの事例のなかに参考になることはありませんが、現代社会に生活する大人はほとんど、週という時間単位に支配されています。この７日間のリズムの管理・運営がどうなるか、は現代人の使命を決めるようです。

　子どもの生活周期、生活リズムはあくまで１日単位です。

○　「生活リズム」はあくまで個人のもの

　子どもを含む家族生活の場合は当たり前ですが、家族員のそれぞれを尊重した「家族生活リズム」をつくりあげなければなりません。これまでに述べてきた各種の生活リズムはあくまで半世紀前の農家の、しかも現役の働き手のものです。私の提案というメッセージもあくまで大人の方々が相手です。世の中がより難しくなった今日では、大変多忙になった「子どもの生活リズム」も基本はともかく具体策としては再検討する必要があるでしょうが、ともかく大人にまともになってもらわねばなりません。

　ただ大人でも高齢者の「生活リズム」も社会的な課題になってきました。しかし残念ながらこの事例紹介では、記録自体はありますがほとんど高齢者は登場しません。ただ私自身が高齢者であることと、これまでのささやかな農村高齢者調査の経験からみると、望ましい「生活リズム」を検討する際には、いくつかの視点が気になっております。それは①70歳代前半・後半、80歳代前半・後半、90歳代ぐらいの区切りで考えないと、それぞれ生活の内容が異なり、高齢者というまとめた括りは難しいこと、②よくいわれるようにそれらの世代段階ごとに健康の側面だけでなくいわゆる個人差が著しく広がること、③各個人

の就労歴を中心とする生活歴が多様であり、かつ健康状態も多様であることから、生活リズムの枠組みが多様になる、④同居の家族構成が「生活リズム」の枠を定めるからそれが高齢者の生活の中身も決める、⑤住んでいる地域の状況が多様であることなどの事情です。今の高齢者は一口でいえば多様化し、中々くらしは大変です。

　ただこの「事例分析」からは、現役ではない高齢者は、イ．家族に合わせて、1ないし3ヶ月ごとの季節に準ずる時期ごとの生活の変化の仕方というものを意識した方がいいようです、ロ．軽農作業および軽家事の分担は積極的に参加した方がよいようです、ハ．なるべく入浴を毎日の暮らしの中にいれた方が良いようです、ニ．家族共通の部分と個人の部分を割り切って意識しておくが賢明なようです。

○　現代の「一汁一菜」を

　農家の食生活のリズムは、かつての「ハレ（晴）食」で代表されるでしょう。日常生活では地味な食事でしたから、限られた時のハレ食は大事でした。今日でも、日常の食事と家族のお祝い事のご馳走との区分というか、意識があるでしょう。農家の食事は戦後の生活改善で、当時を知る高齢者にいわせれば「今は毎日がお祭りのような献立」になりました。

　さてそれは大変な栄養面で改善で前進ですが、かつての農家の食事は必ずしも貧弱だったとはいえないことを説明してきました。紹介した農家だけではなく、私が調べたごく限られた範囲ですが、少ない食材を使って献立に飽きがこないように工夫していました。

　今日、あらためて現代的な「一汁一菜」が提案されています（土井善晴：「一汁一菜でよいという提案」2016.10、グラフィック社）。そこでは「一汁」の中身を豊かにした具沢山な味噌汁がキメ手でしょう。

これこそ忙しい現代人向きの献立です。具の多様性が現代的で栄養面も保証されますが、私にはあたかも農繁期の農家献立の再来のように思われます。

　日本人を支えているコンビニのおにぎりも、見方によっては私の提案した献立型のA型の簡略したものかもしれません。食卓に定番になったカレーライスも、今では大変立派なご馳走ですが、米食の多様化でC型かもしれません。

○　地域生活リズムへの挑戦

　かつての農村には農作業を共同で担うことを基礎として、多様なお祭り、宗教的な行事が重なり合い、日常生活を進めていました。いわば「地域生活リズム」ともいうべき営みがありました。このリズムはいわゆる集落を主な範域として、より小さな範囲、集団もあり、もっと広域な旧自治体の範囲のものが重なり合い、行事の趣旨もメンバーも日程も範囲も、外部の人間には不定形な、グチャグチャに見えるのが特徴でした。この冊子では個人レベルのリズムを課題にしたので、現代社会にもかかわりが及ぶ地域の話は外しました。

　今日ではかつての社会を支えた地域活動の多くはすでに農村地域では失われ、多彩だった地域リズムは文化的活動の一部か、あるいは縁戚関係にわずかに共同作業が残る程度でしょう。

　しかし各方面の論客からしかも多様な側面から都会を含めて地域社会の再生が叫ばれ、立派な論説の結論を「コミュニティの再生」に持っていくことが多いようです。必ずしもあらゆる社会問題がこれによって解決するわけではないでしょうが、多くの問題の打開策が今後の地域社会のあり方と結びついていることは間違いないでしょう。

　たしかに正面から「地域社会」を考える時期のようですが、今の課

題は「地域」を利用する人は多いのに、基礎からつくることはあまり取り上げられない状況でしょう。「地域」という建物ができれば利用したいが、建物も土台も作らねばならないとなると手を出す人はいないのが実情です。

　現代社会で問題にする「地域社会」は日本では、それこそ明治以降150年にわたって「国家と市場」が壊してきたものですから、その反省というか、それなりに潰してきた経過を確認した上でないと、この話は始まりません。それを踏まえた上で、これからの地域を考えると、いまは廃棄物を山積みにしたような大変な荒地になってます。そこではあまり立派な建物は考えにくいので、土台の話にすると、やはりそこの立地を含む来歴でしょう。今の日本列島では住んでいる人の数からいえばいわゆる都会地域が七、八割でしょう。ただ空間の広さからいえば七、八割が農村地域か農村的部分を残しているでしょう。

　地域に農村的な部分を残している場合は、今日的にも将来的にも貴重な無形有形の財産として、農業に関わっている方々の営農権を尊重しつつ、伝統的な「農村型地域社会リズム」としての歴史を、今の人々が学びたい。世代も変わり、これから同じ行事を営むことはなくとも、そこで新しい社会をつくるなら学びは大事でしょう。誠に多様になった住民の合意形成は何事でも難題でしょう。

　さて建物に相当するのは地域住民組織でしょう。私たちは農村的な部分を残した地域における組織化について、いくつかの提起（「地域社会農業」家の光協会、1985.7）を試みてきましたが、そこでは新しい「地域社会リズム」の世界については未開拓です。やはりこれからの地域は、かつての農村社会の基礎にあった農業生産のような住民にとっての共通部分を、広範な福祉の世界につくれるかどうかでしょう。

付録　1980年代の農村の姿（再掲）

「心も病み」「嫁が来ない」状態をどうするか

"心も病む" という現状

　1年前のこの講座で、永田恵十郎さんは「今日の経営問題」を"土も病み、人も病み"と表現されています。それを読んだ茨城県協和町の読者の方が「あすの農村読者会」で、「私は、今や、"心も病む"というところまで行っているのではないかと思う」と発言しています（79年3月号、140頁）。

　今日の農家生活問題は、実はこの"心も病む"ことに集約されているといえましょう。あの侵略戦争が日本帝国主義の敗北によっておわり、さらに農地解放によって、今日の農家の基本的な姿が確立しました。その当時、農家の生活は永い苦しい時代のさまざまの遺産によって、いまの青年には想像もできないような厳しい状態にありました。その生活状態からの解放、『人間らしい暮しをするために』をめざして、生活改善の普及の仕事も、農村生活の研究もスタートしました。

　その後の30年で、とくに経済の高度成長政策期を経て、農家の暮しはまさに一変したといえましょう。少なくとも、物質的な生活条件において、いわゆる都会生活と差がなくなったことは事実であります。そこで、「農家の生活がこれだけ良くなったのだから、生活改善の普及事業は不要です」、あるいは「どこの村へいってもその暮しは都会なみだから、農家生活という特別の問題領域はありませんよ」という話が横行する昨今です。

　しかし、政治、経済のゆがみのなかで農業技術が進歩し、農業生産力が上昇した一方で、「土も病み、人も病む」状態が農業生産現場の現実です。たしかに全国どの農村地域でも、生活用品が豊富になり、住宅改善がすすみ、高校教育が一般化したのですが、肝心の「生活」自体が素晴らしくなったという実感に満ちているでしょうか。村のつきあいも変わったが、農家の、家族のなかの人間関係も

風通しが良くなった。なにやかや、無理をして現金を稼ぐようになったが、どうも毎日の生活にゆとりがない。農家の暮しのなかから生みだしたものでなく、なにもかも買ってきた家具や生活用品にかこまれて暮していて、家族のそれぞれに気持のゆとりと満足感がない。

　今日の農家生活問題は、かつてのように単なる所得額の多少や、生活用品の過不足などの指標だけでは、とてもその現実をとらえきれない複雑な姿をしめしているのが特徴です。現実の農家の生活には、昔からの、あるいは新しい装いの、解決を迫られている問題がたくさんあります。それらは別々の問題ではなく、実は現代の生活様式を強いられた農家自身の「心も病む」状態を根源と考えて、生活問題の整理をはからなければなりません。

　この「心も病む」ということは、佐久病院の若月俊一さんが指摘されている「心身症」問題もふくむでしょうが、ただ、病気だけの問題ではないようです。生活の仕組み全体のゆがみ、そのゆがみの、毎日の家族の暮しへの反映と気持のいらだち、ひいては、農民の精神の問題にもつながっているのだといえましょう。

"花嫁難"と農家の生活

　生活問題は、農家の主婦など中高年層には関心をよせる人が多いのですが、あまり青年むきの話ではありません。しかし、この問題はほんとうは、青年にとって他人事でありません。

　津軽農業青年会議による花嫁難をめぐる論議を、津川武一さんが本誌（78年5月号、115頁）にまとめておられる。それによると、農業青年たちの指摘する花嫁難（これは男の側からみた場合です。しかし花婿難の問題にも共通であるが）の原因は、当事者の愛情問題のほかに、

　1「嫁はただ働きさせられているのではなかろうか」
　2「嫁は働きすぎる」
　3「嫁にいったときの人間関係」
　4「嫁にいったとき生活することになる農村生活」
　5「日本農業に未来がない」

の5点であるとされています。

一番最後の日本農業の未来を切り拓く課題は、未婚男女だけでなく、国民的な課題です。実は、これが「花嫁難」の最大の原因でありましょう。
　同時に、結婚が双方の愛情を基礎にすることはいうまでもありませんが、その相手のために暮しよい環境条件を用意するのも、その愛情にふくまれるのではないでしょうか。これからの農村青年は農家生活の未来には、都会生活とは異なる、否、都会ではえられない素晴らしい内容があることを自覚しなければならないでしょう。また、その希望と未来図を家族と共有できなければ、安定した農村生活者となりえないのです。

個性的な暮しに自信をもって

　一口に農家生活問題といっても、多様な内容があります。これまでは生活といえば、主として衣食住問題でありました。かつての物不足時代とは異なりますが、衣食住の分野にも、今日の新しい問題がおきています。さらに、農家には独特の家計管理、家族関係の問題もあります。
　ここ数年来、生活上の大問題にされてきたのは健康問題ですが、これは花嫁難の話にもでた、農家の労働のあり方と深い関連があるわけです。重労働の多くは解決されたとはいえ、機械化にともなう新しい労働問題がありますし、外へ勤めに出ることから、かえって労働負担が増加しているともいわれます。さらに、育児も家庭教育も農家生活問題のひとつと考えられてきました。ごく最近になりますと、スポーツをふくむ余暇活動も生活問題にくわわり、また問題の局面は異なりますが、農家における老人問題も深刻化しています。
　このように問題をいくつも並べると、結局、これらは、国家独占資本主義体制下における農業問題を農家という場でとらえたものであるということが理解されるでしょう。いまの社会や経済の仕組みに多くの問題があることはいうまでもありませんが、それが暮しの場面に反映したものがこれらの諸問題にほかなりません。したがって、ここにあげた農家生活問題に共通の根本的な原因は案外単純なものです。しかし、これらの、実に多様で具体的な個々の問題を、現実に生活の場において解決をはかるには、なにかひとつの学問分野ではとても処理しきれないことになります。したがって、これまで衣生活問題、食生活問題、健康問題等々

は、それぞれ別個の事柄として専門的に解決方向が研究されてきました。それらの農家生活改善上の成果については、家の中にみえるし、身についているのですからここでみなさんにあらためて披露するまでもないでしょう。

　しかし、そのような成果の反面、これらの学問のすすめ方には、ひとつの欠点がありました。それは個々の側面だけをとりあげたため農家生活という現実から離れ、その全体像をつかもうとすることがなおざりになる傾向が生まれたことです。今日の農家生活が近代化され、2、30年前にくらべて、とても暮しやすくなっているのは、生活関連の諸科学の成果によるところが少なくありません。しかしその反面、その都会化された生活様式が大企業の製品を中心とし、これまでの生活の仕方をこわす方向で、しかも、かなり短期的にもちこまれたため、農家の暮しの現実に適合したものとはいえないという問題もでてきました。

　やはり、今日の時点で、農家生活の特徴を評価して、ひとつのまとまりあるものとして理解することが求められています。農家生活のあり方を外部から規制してくる経済的な、あるいは政治的な力や、その社会的仕組みについて説明された話や、論文はたくさんあります。また、農家生活の実情そのものについての報告も少なくありません。ですが肝心の、農家生活そのものの内部の仕組みや特徴については、最近、ほとんど研究者の間では研究問題にされていません。それは、「今の政治や経済のあり方からみれば、日本人の暮しなんて、結局、どこでも同じようなものさ」という考え方が大勢だからです。たしかに、大企業の製品が私たちの日常生活の仕組みをしばり、全国どこへいっても同じように暮さねばならないことは事実です。しかし、それはけっして私たちが望んだものではないのです。

　農家の生活の仕方がこれだけ都会化してきますと、私がここで農家らしい暮しを、といってもその内容がピンときませんし、あの昔の生活への逆戻りではないかととられるおそれもあります。しかし、そうではなく、農業生産を担うものには、それにふさわしい近代的な生活施設・設備や技術を前提とした暮し方があって当然ではないかということです。農家が自分の生活上の特質を忘れ、大企業の販売戦略にまきこまれ、そのことによって日々の暮しが混乱していることが、農家の「心も病む」背景のひとつにあるのではないでしょうか。

　私は、常日頃、本来あるべき農家生活の特徴点を次のように考えています。な

お、これらは直接、農業生産と結びついていますから、単に農村に住んでいるだけでは、なんとか真似はできても、なかなか身につかないでしょうが。

　まず、農家生活の特徴の第一は農家が食糧生産を担当していることから、自家の生活に必要な一部の食物を自給できるということです。これはかつては、ごくあたり前のことで、この自給の衰退ほど、農家生活の変容をはっきりと物語るものはありません。最近、各種の論調では農家生活における自給の見直しがすすんでいますが、残念ながら普通の農家においては、これが大勢とはなっておりません。かえって食生活の分野に限らず、生活の隅々にまで、なんでも買ってすませる、なんでも金をだして頼む傾向がすすんでいます。

　特徴の第二は、農業生産の季節性にともなって、生活も季節に応じて、ひいては農作業に応じたものになることです。この季節と農作業に左右されるという特徴は、これまで生活の仕方としてよくないこととされてきましたが、現在では極端な場合をのぞいて、ひとつの生活の仕方として考えられるようになってきました。こういう暮し方を生き生きとしたものにするには、まず、家中みんなが健康でなければなりません。そして、生活の隅々まで家族のそれぞれの目が届くような余裕があることが前提です。さらに、そのためには、農業生産自体も労働面からみてゆとりのある設計でなければなりません。これらの条件が整うということは、昨今の厳しい農業情勢のもとでは、なにか夢物語のようです。農家には４割の世帯には病人がいるという調査報告もありますし、生活のゆとりはおろか、三度の食事準備にも十分手をかけることができないのが実情でしょう。また、専業的な畜産経営や施設園芸経営の労働時間は、日本農民の歴史上、もっとも長時間ではないかと心配する人もいるほどです。

　このように、現実には農家生活の特徴がゆがめられていますが、農政の革新によって、安定した農業経営が確立されるならば、これからの農業青年は素晴らしい、動的な個性的な生活を築くことになりましょう。

　特徴の第三は、農家の場合には、家族のそれぞれが年齢、立場に応じて仕事（それは必ずしもすべてが現金収入とは結びつきませんが）ができるということです。農業生産の機械化、経営の専作化は、多様な働き手を生産現場から排除していきましたが、本来、農家の暮しにはさまざまな仕事がありました。今日では、老人

むきの仕事は極端に少なくなりましたが、今後農家らしい生活を考えるならば、当然、開発の余地はありましょう。この特徴との関連なしに、農家における人間関係のあり方を考えることはできません。

　特徴の第四は、農家生活は地域社会との関係が密接だということです。これも土地を基盤とする農業生産の特質からくるものでしょうが、本来、生活、人間の暮しというものは、地域社会と切り離せないものです。もちろん、いわゆる孤独な都市生活というものがありますが、そこに未来への展望はありますまい。なにか生活のあり方を変えていこうとしたら地域との結びつきは不可欠です。その点からいうと、農家の場合には、家族それぞれの生活が地域社会と幾重にも結びつき、人びとの結びつきが多様です。これはかつて農家生活におけるわずらわしさの代表のように考えられてきました。これからは地域社会との交際が強制でなく自分の選択によって多くの人びととの結びつきを考えることにより、文化的にも農業生産上でも役立ちうるとともに、そのなかからもっとも人間らしい生活を営める条件の形成が可能ではないでしょうか。この点は都会ではえられない農村特有の恵まれた条件であるといえます。

　このような特徴、あるいは農家生活の良さは、青年はともかく、中年以上の方々では農家自身が一番良く心得ているはずです。ですが、現在は、農業経営や日々の暮しの出費をつぐなうために経営主はおろか、主婦もいくらかの所得を求めて金になる農業生産に全力を傾け、さもなくば工場勤めにあけくれて、この特徴ある「生活」とは無縁となっています。

　このように、永い伝統と優れた特質に富む「生活」の仕方を捨てなければならないのは、農家自身の責任ではありません。農家主婦とて、好きこのんで、家事をなおざりにしたり、工場勤めしているわけでないことは事実です。

　しかし、各農家に事情があってのことですが最近、このような実情を見直そうという気運が生まれてきています。これは、専作化の行き詰り、農外就業先の低賃金のため、収入を得ること自体が困難となったためであります。その出費増、収入減の苦しみのなかから、農家生活への見直しが生まれています。

　つまり、これまで夢中になって働いて得た所得によって購入できるものは、そんなに素晴らしい品々でしょうか。その収入は貴重な「生活」を捨てるに値する

ものでしょうか。とくに生活のマネージャーである農家主婦には、ここのところを冷静に考えて、子供の教育、老人の世話のこともふくめて損得を計算してもらいたいのです。

　現在のように、現金収入と現金支出の観点からみれば、農家生活自体に青年をひきつける魅力はありません。

　また、全国各地で、農村地域に住む人びとが生活上の連帯を強めようとしています。この連帯の基礎は、ここに指摘した農家生活上の特質にあるのですから、その点からいえば農家自身による生活の見直しは重要な意義があるといえます。

新しい家風をつくろう

　これまで、農家生活の変容は誠にめまぐるしく、農村生活研究はその移り変わりの諸現象にいささかふりまわされてきました。これは、変容そのもののスピードが速かったせいもありますが、まえにも指摘したように、生活のいろいろな側面、たとえば衣食住とか、健康とかいう個別の問題にとらわれすぎて、全体を見失ったためであるともいえます。

　その点からいえば、農家自体が、この十数年来、世の中の変化に追いついていくのに精一杯だったことと変わりません。

　しかし、最近はこれらの反省から、農家生活の本来的なあり方から考え直す、さまざまな潮流が生まれてきています。そのひとつひとつは、結局、いまの世の中の姿を考え直すことですから、それなりの意味があるわけです。こういう視点から農家生活をいろいろな側面について、多様な角度から見直す研究が重要であることはいうまでもありませんし、私自身もそれに参加しています。ただ、私はここで、そのようにいくつかの論議のなかでほとんど問題となっていないことについて、話題を提供してみたいと思います。

　これは、本来的には農家生活の特徴点としてあげるべきことかもしれませんが、農家というものは、生活から生産までを統一されたものとして担っています。この生産は農業経営として当然、収益を追求しますし、それは少ないとはいえ、資産形成と結びついていきます。また、農家生活と農業生産は、ほかならぬ農家の労働によって結びついています。さらに家族生活である以上、農家生活の中身と

しては、単なる日々の暮しだけでなく、それは生命（の誕生と保持）というものと、健康のあり方を通じて結びついてくることになります。

　なにか、理屈を並べましたが、農家生活はこういう広い世界をふくむものです。それだけに、それらの広い世界を結びつける、なんらかの考え方が必要です。私はそれを「生活理念」といっていますが、個人の生活についていえば、それは昔からいわれている家風ではないでしょうか。

　家風とは、また、封建的な、といわれますが、要するに個性ある暮し方ということです。農家の場合には、日々の生活において、同時にいくつかの目標（生命管理から収益追求にいたる）を追求しています。何人かの家族が共同して働いているわけですから、そこに統一された考え方がなければバラバラになってしまいます。

　いや、現実にはもうとっくにバラバラになっていますが、そこをなんとかまとめようと、おやじと息子、姑と嫁との腹のさぐりあいが続いているようです。

　農業青年が、これからの農業を担うことはいうまでもありません。しかし、両親や祖父母の世代は、永い経験から生活から生産にいたる広い世界の結びつきに深い知恵をもち、そのバランス感覚には誠に鋭いものがあります。収益のあがる生産のやり方、近代的な生活の仕方など具体的な個々の局面は、情勢に見合った青年の要求にもとづくもので良いでしょう。しかし、それだけでは生活の断片にすぎません。それらを結びつける考え方や、統一された農家生活運営のノウハウは、先輩たちに学ぶ以外にありません。

　農家家族における世代間の問題は簡単ではありません。このやっかいな難問を一挙に解決する名案はないでしょうが、この提案もひとつの考え方として考えてみてください。

　農家生活の特徴を生かした、その個性的な暮し方の理念は、一口でいえば、新しい家風ということになるのではないでしょうか。

自給再生から農家生活の見直しを

　大谷省三さんが、本誌で小規模な自給農家畜産の重要性を指摘しておられます（79年10月号、16頁）。

この自給の問題はまえにもふれましたが、その問題の重要性のわりにはあまりにも平凡なためか、事態は一向に改善されません。農家自ら、安全な食物を用意することは、なんといっても食生活の基礎です。農家の健康問題があまりにも病気とその治療の側面からのみ考えられ、健康の礎（いしずえ）としての食生活の重要性が軽視されてきたことは否めません。また、この自給の取組みは、農家における老人の仕事とも関連しますし、地域での生活上の連帯のきっかけとしても重要です。
　農家が自給を放棄したのは、いろいろな事情から、売れる物をつくることだけに集中したからですが、今日の情勢からみると、もはや売れるものは売りつくしたところまでいったといえるでしょう。さりとて、必ずしも簡単にはそういうすべて商品化するという状態から引返すわけにはいかないわけですが、ささやかながら生活防衛の努力は、全国各地で始まっています。
　この自給生産は、かつてはあたり前のことでしたから、各農家の条件によって、どのような試みがなされてもいいわけです。しかし、農家自体も事情が変わってきていますから、これからは、大げさなことでなくとも、それなりの手だてが必要となりましょう。
　このように、今日の農家生活問題は、個々の暮しのなかだけでは必ずしも将来の展望がえられず、やはり、地域のなかで、2月号に述べられる農村生活問題との関係が重要になっています。
　農家としての自給体制ができても、それだけで、むずかしい局面にある今日の農家生活問題のすべてを解決することはできません。しかし、今日、農家のなかにある、いくつかのやっかいな問題を農家自身が整理する、ひとつのきっかけになることだけは間違いありません。農家生活見直し運動のスタートとして、どんな小規模な農家にも参加できる、運動の「成果」が毎日の暮しのなかで「評価」、「消化」できる、ほとんど特別の経費がいらない、だれにも迷惑かけずに喜んでもらえる、「過剰」生産になればよそへあげたり、販売もできるという利点をもっています。
　なによりもまず、農家自身がその生活を買った品物で満たすのではなく、自分の暮しを自分の手で築く活動の第一号として重要でしょう。
　一方、今日の日本で新鮮、かつ安全な食物ほど「高価」なものはありません。

はじめにも書きましたように、現在の農家の生活には、生活施設・設備としては、世界的にみても最新の製品が普及していますから、考えようによっては、大変高級な生活に近づいているともいえます。
　このように、今日の農家生活には、極端に不便になる側面と、農業の発展をめざすことによって、素晴らしい生活のできる可能性をもつ側面とが同時に存在しているのではないでしょうか。

『あすの農村』新日本出版社、1980年1月、78～85頁

あとがき

　現役を引退して20年近くなりますが、生来の怠け者で研究者らしいまとまった仕事ができずに、もっぱら老人むきの暮らしに専念してきました。地域の仕事を頼まれたり、別に頼まれなくとも勝手にやったりして、地域活動に特化して、これが今どきの高齢者の暮らしだと自分にいいきかせて、いささか安易に過ごしてきました。それは当時の、平均的な健康寿命の目安からみて、もはや何かに挑戦することは健康面だけでなく、そもそも私の実力からいって、新しい研究課題に取り組むのはとても無理だと思っていました。

　ところが私の身近な高齢の先輩たちが元気で活躍しており、畏友・中島紀一茨城大学名誉教授が、怠けている私を見かねて「農家生活時間」に関する大きな仕事の枠組みを提示してくれた経過があります。しかし非力のためいまだにその全体計画を進めることはできていませんが、その仕事の皮切りのつもりでまとめた文章が、この小冊子です。ですから勝手に自分で印刷して、それこそ手作りの冊子にすればいいわけです。当初はそれも考えましたが、内容からいって、私の知る身近な高齢者だけに配っても仕方ない、働く現役世代の人々に届かなくては意味がないので、社会化するために筑波書房にお願いした次第です。

　「生活リズム」はもちろん高齢者にとっても大事ですが、なんといっても現役の働く方々と成長過程にある青少年にとっては、日々の暮らしの根幹に関わる課題です。なかでも長時間労働問題との関わりが、今日的に重要でしょう。この冊子が役に立つとしたら、より若い世代に届けなければなりません。そこでなんとか世の中に出すことはできないかと、内容の乏しさをかえりみず、かつてお世話になった筑波書

房にご相談しました。

　この冊子で食生活の項に登場する農家は、他の項目にも貴重な記録を提供していただいておりますが、そもそも私に「農家生活リズム」の全体像を示してくださった御家族です。数々の生活記録を残していただいた全国の農家の代表として、今はなき千葉県成田市の根本敏男・高子ご夫妻に御礼申し上げます。

　なお文中の「提案」部分は「農と人とくらし研究センター」に投稿したもの（未刊）を骨子としております。また「生活リズム」と直接関係がありませんが、付録として40年前の拙稿をつけさせていただきました。若い方々にとっては、この冊子の分析対象としている時代と現代とが、あまりにも時間的に離れているので、その中間の時期の農家の姿を紹介するつもりで、収録しました。拙文の転載をお許しいただいた新日本出版社に御礼申し上げます。

　最後になりましたが出版情勢の厳しい今日、しかも精力的に新刊刊行を進めておられる筑波書房に業務繁多の中、創立40周年記念出版の直前にそれこそ割り込みでご無理願いました。鶴見治彦社長、社員各位に御礼申し上げます。

2019年12月　森川辰夫

著者紹介

森川　辰夫（もりかわ　よしお）

1936（昭和11）年、東京生まれ。東京教育大学農学部卒業。千葉県農協中央会、農水省試験研究機関（農業技術研究所、中国農業試験場、東北農業試験場、農業研究センター、農業総合研究所）、弘前大学教育学部勤務。

2001（平成13）年引退。茨城県牛久市在住。

主たる著作（本書中に紹介したものは略）
『農村の学校給食』（農政調査委員会、1979年3月）
『福沢諭吉と常民』（共著、農政調査委員会、1981年8月）
『生活者の創る農とくらし』（筑波書房、1993年4月）
『集落移転後の二十年』（農政調査委員会、1994年3月）
『これまでの普及　これからの普及』（共著、農政調査委員会、1996年3月）
『農村の暮らしに生活の原型を求める』（共著、総合農学研究所リポートNo.2、2002年7月）
『むらの話題、世間の話題』（筑波書房、2004年4月）
『農村生活時評―風倒木』（農と人とくらし研究センター、農と人とくらしNo.2、2017年3月）

今日に生きる「農家生活リズム」

2019年12月27日　第1版第1刷発行

著　者　森川　辰夫
発行者　鶴見　治彦
発行所　筑波書房
　　　　東京都新宿区神楽坂2－19 銀鈴会館
　　　　〒162－0825
　　　　電話03（3267）8599
　　　　郵便振替00150－3－39715
　　　　http://www.tsukuba-shobo.co.jp

定価はカバーに示してあります

印刷／製本　平河工業社
©Yoshio Morikawa 2019 Printed in Japan
ISBN978-4-8119-0566-2 C3061